JN110970

これ読まずして土木業界を語るなかれ

安全第一

Ayumu Ippo

一歩 歩

Parade Books

はじめに

土建国家崩壊。土木技術？　そんなものは遥か昔に現場から枯渇している。それが今の日本という国の実態だ。これから土木業界に足を踏み入れる若者はもちろんのこと、今も土木工事を発注している発注者側にいる人や政治家がこれを読んでも将来は変わらない。俺がこの業界にいて学んだことは誰もが変化を望まないということだ。

本書では多くの土木業界の不正行為違法行為他無様な実態がこれでもかというくらいに出てくる。俺自身も違法行為もたくさんやってきた。反対に違法行為をなくすために闘いもした。「闇」の中にいた俺も「闇」を壊そうとした俺も俺は俺だ。「正義と悪」俺にはその判断基準はその時の自分の都合で代わってきた。「悪」が必要であれば「悪」を優先し、「正義」が必要なら「正義」を優先した。自分に都合のよいだけの行動で周囲の誰もに嫌われた俺の土木業界での半生を描く。日本人社会のドロドロした本性。それをありのままに描いた。最初に断っておくが俺の性格は相当捻じ曲がっている。それを踏まえて読んでみてくれ。十人が十人俺を嫌いになる。ただ俺はそうして周囲から嫌われ喧嘩しての人生をずっとして来たから、この本の読者から嫌われ批判された方が気が楽だ。基本的に俺は日本人が好きではない。

ここから先は俺が半生を過ごした土木業界での「闇」とその「闇」との格闘と葛藤の記録だ。最後に闘いも飽きて俺は結局自らこの業界から去ることとなった。俺は人生の半分を土木業界で過ごしたのだが、その大半は日本文化の生み出す様々な「闇」の中での出来事だった。営業と称した「談合屋」としての呆れた営業活動。現場では残業二百時間をこなし、挙句の果てにはロクな工事はしていない。発注ミスは当たり前、税金は使い放題。安全などは二の次三の次。そんな「闇」の中で少しは明かりを照らしたいと闘いはしたが「深すぎる闇」に対してなす術もなく撤退した。

ここで記すのはこの国の実態なのだが、俺は決して今の状況が良いものだとはスズメの涙ほどにも思っていない。だから闘ってきた。俺らの世代が創り出した「闇」。この「闇」を次世代の若者に引き継がせるわけにはいかないが、日本人の生み出すこの「闇」は奥が深すぎてどうにもならない。我々の世代が作り上げた「闇」。日本社会と我々の世代が作ったものは次世代への借金の山。そんな我々の世代の失敗をここに記す。

まず何から話したら良いのだろう……。「談合」「違法残業」「労災隠し」「設計ミス」「発注ミス」「積算ミス」「施工ミス」現場に行けば設計通りになっていない構造物ができているなんて当たり前。

違法であろうとそんなことは知らぬ存ぜぬで悪さを繰り返す。それが日本人である。それが日本人であるということがわかったことが俺の半生を通してこの業界で学んだ最大の学びだ。俺はこの業界でずっとその日本人と闘ってきた。だからかもしれないが日本人が大嫌いになった。世界の人々に日本人は尊敬を受けてきた。でもその日本人というのは薄っぺらい皮一枚剥がすとどうしようもなく醜い。それを知ったのもこの業界だった。いつも俺は周囲にいるそんな日本人をぶん殴りたくて仕方なかった。

おそらくこれはこの土木業界だけではなく、この国の全産業界に潜む「闇」なのだろう。この国で働いてわかったことは、誰もがその「闇」を知っていながら誰もそれを口に出さないし正そうとはしない点にある。何より誰もがわかっていないことは、その「闇」は会社が作っているというのではなく、普通に労働者自体が作り出しているということである。会社に言われて仕方なくやったという不正は実は少ないのだと思う。一方通行的な命令下での不正は表に出やすい。しかし社内の上司と部下とで行う阿吽の呼吸で行われた不正は表に出にくい。阿吽の呼吸とは言葉を変えれば「見て見ぬふり」だ。上司も部下も阿吽の呼吸でやっている不正が多く、それが会社の伝統となって根付いていくという姿をたくさん見てきている。そして誰もが自ら創り出した「闇」は認めようとしないし正そうとは思わない。こうして組織に広がる「闇」はいつまでも残るのである。

この語りをする俺自身もまともな人生は全く送ってきてなどいない。若い頃は普通に悪いことばかりして過ごし、高校に入学はしたけれどほとんど通っていない。暴走族などで警察のブラックリストに載っている同級生と遊んでは、バイクの整備不良などで連行されて警察署からなかなか解放されなかったり、その同級生が車の免許を取ると車高を落としたいわゆるシャコタンの車で街を行くと、パトカーとカーチェイスとなりパトカーが信号待ちをしていた車に正面から突っ込んだり、街中走り回った後にその同級生が警察官に手錠をはめられたり。卒業式にも出なかったが手元には何故か卒業証書はある。社会に出てからもネズミ講まがいの商売をしたり、社会問題となった豊田商事に数ヶ月在籍したりで、呆れた親がその生活を正すようにと宗教施設に俺を放り込んだ。仕方なく禅や内観などの仏教的な修行もしてみたが、結局「雑念」の塊のような俺は規則的な生活に馴染めず、再び社会へと出て土建屋で働いた。

元々俺は仕事が大嫌いだった。勉強も嫌い。小学生の時の俺は家での宿題を一切やらずに毎日のように廊下に立たされていた。漢字の書き取りの宿題の時など酷いもので、全くやらずにいたらこっ酷く叱られたばかりでなく、居残りで書き取りをさせられた。その時に課題となる文字とは全く違う文字を書いた。その書き取りノートを見た先生が絶句した。「なんだこれは！」俺は「漢字の一です」と答えた。ノート数ページに渡って漢字の一が延々と書き込まれていた。翌日は朝から黒板の前で立たされてみんなの前で延々と先生に説教された。それでも宿題はやらなかった。

夏休みの自由研究はもちろん全校児童で唯一やらなかった児童である。夏休みは遊ぶためにあるのだとまでは考えていなかった。ただ単に宿題が嫌いだっただけだ。そんな人間が高校へと行っても勉強などするはずもなく、出席日数も足りず、本来なら進級などできるはずもなかったが何故か卒業までできた。同級生の代返などに助けられての卒業だ。建築科を出たので建築の会社へ就職が決まり勤めたが、高校で全く授業も受けていないものだから仕事など全くわかるはずもなく辞めた。その後はブラブラと遊んでいたり、悪い商売に手を出したり。同級生などからは「悪の権化」と呼ばれもした。町で噂の悪い奴だ。

そんな俺がやっと就職したのが土建屋だった。そしてその土建屋でスコップやツルハシを持って仕事をしようと思っていた俺が最初に任された仕事が、作業着ではなく背広を着てベンツに乗って役所に行く「談合屋」という仕事であった。だからまずその談合屋という仕事からここでは話をしておこう。

目次

俺は談合屋になった

ペルー、マチュピチュ。

社会に出て土建屋に就職したが中卒程度の学力しかない俺ができることなど限られていた。そこで俺が最初に学んだことは「談合」であった。俺の勤めたのは町の小さな土建屋だったが、就職して直ぐに社長から渡された名刺を見て驚いた。そこには「営業部長」と記されていた。その時俺はまだ二十代だった。営業部長？　土建屋だから現場で作業するものだと思っていたら、渡された名刺がこれだったので戸惑った。それでもプータローとして生きるか？　悪さをして刑務所にでも入るか？という究極の二択しか持ち合わせのない俺に、親が手配をしてやっとの思いで探した就職先だったので、直ぐに辞めるわけにもいかない。社長が「とりあえず俺について来い」と言うので社長について歩くことに。そうはいっても談合などそうそうないもので、普段は現場で作業をしながら仕事を覚える日々であった。

入社後二週間ほど経った頃、やっと社長から「出かけるぞ」と声がかかった。連れて行かれたのが市役所。社長についていくと市役所の一室で発注工事の説明会というものをやっていた。既に三十年以上前のことで内容は全く覚えてはいないが、市内で下水道工事を市が発注するため、市が指定した土建屋八社程度を集めての工事の説明会であった。市役所の下水道課の担当職員が工事の場所やその他工事概要を説明した。社長が俺のことを市の職員に「新米の営業だから今日は見学に来させたから」と紹介したあと、その場に同席を許されて借りてきた猫のようにちょこんと室内の空席に座っていた。説明会はあっけなく終わり、役所から工事の資料を受け取り、市役所を後にした。

市役所の駐車場を出ると、社長は会社ではなく会社に向かう途中にある某会館にハンドルを向けた。そこで社長は「ついて来い」というので、言われるがままに社長について会館へと入る。会館の一室に入ると、続々と先ほど市役所の一室で同じ工事説明会を聞いていた人たちが入ってきた。社長が俺を彼らに紹介してくれ、名刺交換を慌ただしく行った。挨拶を終えると事務所などの会議室に普通にある事務用の長テーブルを囲んで座る。一人が「今回は私が議長になるのかな?」と言ってから話し合いのようなものが始まった。

話し合いとか思ったら、単に議長さんが集まった人を時計回りに指名しては意見を聞いていくという感じのものだった。議長が「○○建設さん」というと○○建設の営業部長が「けっこうです」と答える。次に議長が「○○工務店さん」というと○○工務店の社長が「お願いします」と答える。これを全員が繰り返す。一通り終わってから議長が「では今回は○○工務店さんということで、入札日の九時集合でよろしくお願いします」でその日は終了。

社長が言うには今回の工事は○○工務店さんが受注することになったのだという。何も知らない俺は「ああ、こうやって仕事は決まるんだ」くらいの認識であった。

数日後に入札を迎える。当日の朝、社長と会館へと向かう。会館に入ると既に全社揃っていた。部屋に入ると早々に○○工務店の社長が俺のところへ走り寄り紙を俺に手渡す。紙には上から順番に三つの数値が書かれていた。俺は椅子に腰掛け、カバンから自分の会社の入札用紙を取り出し、三枚の入札用紙にその金額を順番に書いた。書き終えてから○○工務店の社長のところにそれを持っていき、数字に誤りがないかを確かめてもらう。○○工務店の社長が「大丈夫です。これでよろしくお願いいたします」と深々と頭を下げる。俺はそれをカバンに入れ社長と市役所の入札会場へと向かった。

時間通りに市役所の一室で市の財務を担当する係の人が入札を進める。各社一回目の入札をお願いいたしますと声がかかり、同時に係の人が八人の入札用紙を集める。係員の数度の確認が終わると結果発表だ。各社の応札額を読み上げていく。全部を市の職員が読み終えてから、その上司だと思われる市の職員が「今回発注の○○工事の受注者は○○工務店さんと決定致します」と受注を告げた。

会社に帰る車の中で社長から「これで一連の営業は終わりだ」と言われた。何も知らない俺はこのシステムに驚いていた。「なんて賢いやり方なんだ」と。これだと競争相手もいないし間違いなく仕事が取れる。会館に集まる人の中には全身刺青を入れた暴力団の組員らしき人もいたが、この人たちの組織って凄いなと感心したのがこの談合屋の集まりだった。今にして思えばこんなことも言ってはいられないが、当時の俺は見るもの聞くもの全てが初めてのことだったため、このシステム化された談合組織に感心するよりなかった。俺は初めてこの世界に入ったものだから驚いたのであるが、この組織についてはそのずっと以前から市の職員も市議会議員も知っている、いわば「公的機関」だということをしばらくしてから知った。

数回、他社物件の談合を繰り返してから、いよいよ自分の会社の受注物件に当たった。そもそもみなさんは談合組織がどうやって仕事を組織内で割り振るのかご存じだろうか？　俺が談合屋をしていた三十数年前は、市内では俺の勤めた会社が属していたCランク程度のレベルだったら、ほとんどが指名競争入札であった。発注者となる役所担当者が市内の資格のある施工業者の数社をピックアップしてその数社で入札を行う。これは相当数の問題点がある。まずは指名された業者の顔ぶれを見ると役所の意図がわかる。例えば、A社の前の道の舗装工事を発注するとした場合は、どうしても町としてはそのA社を指名業社の中に入れる。そうすると必然的に競争入札とはいえ実質は単独指名入札となる。即ち競争相手が工事の場所を聞いただけで諦める。A社の前の道路だからこの仕事は我々が受注できないとなるのは必然。

　当時はほとんどが指名競争入札だったので、数社が指名されて会館で誰が受注するかを決めていた。

　俺の場合は主に公共事業で食い繋いでいた町の小さな土建屋で勤めていたので、例としては誰もがわかりやすいはず。その時の俺の肩書きは「営業部長」で、やることは「談合」である。全国の公共事業を主体として受注する土建屋というのはどこも一緒で、地域の談合組織に加入している。俺が談合屋だった時は談合組織に加入していない業者が公共事業を受注したことはただの一度もなかった。そもそもあらゆる発注機関の入札資格を持つ施工業者は全てが談合組織に入っていた。要するに土建業界でやっている限りは、全ての会社が違法なことをしていて社長や社員は捕まりさえすれば「犯罪者」なのである。ただこれは役所も議員もみんなが「見て見ぬふり」のため捕まらない。だから会社社長でいられるし営業部長でいられるというだけである。**「犯罪者」と「一般市民」の差は結局は何もなくて、ただ単に捕まれば「犯罪者」であり捕まりさえしなかったら「一般市民」なのだ。**

　市役所での説明を受けたら直ちにそれら業社と共に市内にある会館へと向かう。会館へ着いたら営業の仕事が始まる。指名を受けた数社の業者間で受注調整をここでする。まずは指名を受けても全くその仕事に興味がない業者の中で誰かが議長となる。議長はそれぞれの会社に受注の意志があるかないかを尋ねる。たいがいはこの時点で営業も終える。工事の場所を見れば過去のその地域の実績とかで誰の島なのかがわかる。だからその業者が希望すればそれで決まりである。問題はここで決まらず複数の会社が立候補した場合だ。その時はこの後に日を改めて競合した会社同士で話し合いをして、誰が最終的にこの工事を受注するのかを入札までに決めなければならない。俺も何度かこの話し合いをしたが実に嫌なものである。話し合いで何が話されるのかであるが、「この工事のこの道路は以前俺の会社で舗装工事をしたところだから、うちの縄張りだろう」「いやいや、ここの下水道工事は我が社でやったから誰の縄張りかといえばうちだろう」「いやいや、この道路の末端には我が社の資材置き場があるからうちは一歩も引けない」こんなのが話し合いの内容となる。はっきり言ってしまうと暴力団の縄張り争いとなんら変わりのない話し合いだ。これがなかなか決まらない場合は、談合組織のトップに裁定を仰いで最終的に決着をつける。談合組織のリーダーは納得しない業者に、例えば次に何か両者で争う場合は今回手を下ろした方を有利にするとかの妥協案を出して、とりあえず早々に談合組織内で受注業社を決める。そうしないと入札にならないから、何がなんでも入札までには内部で受注調整を終わらせることが絶対だ。ここでの営業のテクニックとしては、何かしら自社がその工事現場に手をあげても良い現場ならば絶対に手をあげて、仕事が取れなくても何かしら他社と話し合いをして、他社に次に争った場合は手を下ろしてくれるようにと貸しを作ることにある。談合は楽という意見も多数あるかとは思うが談合屋としてはこの競合による話し合いほど嫌な仕事はない。

談合は土建屋だけでなく東京オリンピックでもあった。ＷＥＢなどで見ると「談合とは、公共工事などの競争入札において、競争するはずの業者同士が、あらかじめ話し合って協定を結ぶことである。具体的には、高い価格での落札や、持ち回りでの落札により、業界全体で利益を不正に分け合うなどの行為である」こう書かれている。全くその通りだ。これは日本人的な互助会組織だと思えば良い。

談合組織内での話し合いが終わり、または話し合いがなく、談合組織の中で受注者が決まると、次はその受注業社がすることは入札する金額を決めること。入札では市役所が決めた予定価格というのが目標となる。その予定価格より若干でも少ない金額で入札すれば仕事が受注できる。談合組織にいるから競争相手が不在。そうなると一円でも予定価格に近い金額で受注しないと損である。その損をなくすためには市役所が決めた予定価格を知ることこそが大事となる。

みなさんならこんな時どうする？　もちろん工事の価格を計算するというわゆる「工事価格の積算」なるものをしなければいけない。だがそれは「一般市民」向けの話でしかない。

俺も営業になったばかりの時は「積算なんかしたことないし務まるの？」であった。ほとんど「どうやるの？」って感じであった。そこで俺の場合は常に「わからなかったら聞け」であるから社長に、

「仕事は取れたけど金額は？」

と聞いた。すると社長の答えは実にシンプルで、

「市役所の担当のとこに行って聞いてこい」

……なるほど……それほど正確なことはない……わからなかったら聞け……エッ？？？マジですか？？？と、俺はそこでフリーズ。そうはいっても会社では社長が言ったことが絶対なのだから従うよりない。

早々に翌朝一番に市役所の担当のところに行った。

「すみません○○工事について」

と言うと担当が小声で、

「今度のは一歩さんのとこなんだ」

と笑いながら応対してくれる。

「一歩さん、どのくらいで入れるの？」

と聞くから俺は社長が示した金額を紙切れに書いてみせる。すると市の担当職員が、

「それだとカローラ一台損しちゃうよ」

と担当が言うので俺はカローラ一台分上乗せした金額を紙に書き直して、

「このくらい？」

と聞き直す。そんなキャッチボールを数度繰り返す。

「これで大丈夫です」

と担当が言ったら俺はお礼を言って会社に戻る。これで積算などというものをせずに受注ができるのである。俺は五年間談合屋をやっていたが、その間にただの一度も積算などしたことがなかった。全て役所の担当が教えてくれたのだから、その必要など全くなかったのだ。市の担当に最初に示すある程度の金額というのは、社長が市会議員を使って聞き出していた金額だ。本当に笑ってしまうがその金額が「おおむね合っている」。大きく違ってもカローラ一台くらいだ。市や県の担当職員へ見せる一発目の金額で恥を書くことは全くなかった。俺は談合屋を五年間やったが語った通りで積算はまるで経験ゼロのまま談合屋を卒業している。俺が積算を覚えたのは談合屋卒業後発注者側で施工管理員をやり出してからだった。

市の担当が喜んで我々に金額を教えるのにも訳がある。それは市では予め年間の発注予算がある。年間を通じてその金額を消化しなければいけない。そうした場合、一件毎に一億のものを八千万円で受注されたら二千万円が残ってしまう。そんな発注を繰り返すと年度末には莫大な金額が余ってしまうことになる。余った予算は是が非でも消化する必要がある。消化するには新たに仕事を発注しなければいけない。一件の工事を発注するのには多大な労力が必要となる。だったら一億のものは一億で受注してもらえば、そんな業務が増えずに年度末をゆとりで過ごせる。そんな事情もあるがために彼らは我々に喜んで発注金額を教えてくれる。

入札の札へ価格を入れるのは入札当日の朝、会館でやる。一同にそこに集まって俺から各社の社長や営業に書いてきた紙を渡してその場で入札の札に書いてもらう。書いてもらったら俺が書いた数値に間違いがないかを確認して、各社に深々と頭を下げて全ての確認が終わった時点で市役所の入札会場へと向かう。これで営業は終わり。

最初に指名競争入札の解説で談合とは「高い価格での落札や、持ち回りでの落札により、業界全体で利益を不正に分け合うなどの行為である」とあるが、持ち回りというのも説明してみよう。

市役所などでは地元の施工業社になるべく広く受注してもらうためにお金を振る舞う。雇用対策というものだ。土建国家である我が国は昔から土建業者には優しい。みんなに広く浅く仕事が回るようにわざわざ仕事を小さく小刻みにして発注する。俺がいた市の場合は一千万円未満の舗装工事がそれだ。毎年一千万円未満の舗装工事を市役所は全社に行き渡るように数多く発注する。このお役所からのお年玉については話し合いもしない。その舗装工事がどこであろうと関係なく談合組織内の順番である。その日に指名競争入札と称して出された舗装工事がＡＢＣＤＥと発注されたら受注業社はイ社、ロ社、ハ社と、毎年飽きもせずその順番で受注業社が決まるのである。その場合は運良く九百五十万円の仕事が受注できても、六百万円と少ない価格の工事であっても、文句は言えない。あくまでも発注の順番通りに受注が決まるのであるから誰も文句は言えない。そしてどの会社も自前では舗装工事などできやしない。だから丸々下請けとなる舗装業者に丸投げで利益だけはいただく。その利益率もきちんと舗装屋さんと代々取り決めが既に決められており、金額を決める手間も不要。

例えば俺がいた会社の場合だったら、舗装会社に支払う金額は受注金額からこちらの取り分二十五パーセントを引いた額で契約していた。四千万円の受注工事なら三千万円を舗装会社が取る。舗装会社は施工の一切をやってくれる。現場管理はもちろん竣工書類も作成してくれる。こちらからは現場代理人を一人つけるのだが、ほとんどやることはないから受注金額の二割は黙って利益となる。だから談合とは実に合理的なシステムである。その当時も丸投げはよろしくないとのことで規制はあったが、そんな規制などはなんとかなるものだ。そもそも発注した市役所が舗装工事に関しては舗装業者が丸々やることを知っている。機械も持たず熟練工もいない一般土木の会社でできるわけがないのだ。市は自らが指名して発注した工事でそれをダメだということは間違っても言えないのだから、違法であってもなんであってもみんな堂々巡りだ。

この談合屋時代に思ったのは「日本では全く公正取引委員会なるものは機能していない」ということだ。だってそうだろう。談合組織は毎年飽きもせず順番で公共事業を受注しているのに全くお咎めなし。市役所や県に行けば落札の予定価格を教えてくれる。日本は流石の「土建国家」だと思っていたのがその頃の俺だ。そしてその談合というシステムは凄い理に適ったシステムだということ。

たまに談合などでニュースになるが談合組織にいると某会館に集まっては「ああ今年の生贄はあいつらなんだ」とか「見せしめだな」とか言っていたのを覚えている。要するに公正取引委員会も無能だとか言われても困るので、たまにはニュースに載せるだけの大きなゼネコンとかを「生贄」とするのだ。東京オリンピックもそうなのだが、たまにああして大きな物件を挙げたら、公正取引委員会などの存在意義を国民にたまには認識させることができるからやるのである。いちいち全部を公正取引委員会が挙げていたらそれこそ日本沈没である。それほど日本の闇は深い。みなさんは是非こんなことを世の中のお父さんやお母さんがやっているということだけを覚えておいていただきたい。子供には「正しいことをしなさい」「後ろ指を刺されないように」なんてことを言っておきながら大人たちはこんなことばかりやっている。本書ではこの後にも土木業界の凄まじいほどの不正が出てくるが、この業界の不正などは例えば自動車業界であったビックモーター事件などは本当に小さな不正となってしまうほどに影が薄い存在となるだけのものだ。自動車産業のような一件あたり十万円とか二十万円程度の不正を積み重ねた不正など取るに足らない。土木業界では一件当たり億単位である。

さて、ここまでは施工業者主体の談合であるが、この他にも世の中には面白い公共事業の受注もある。次にこれについてお話をしようではないか。

俺が営業部長をしていた会社では水道局の仕事の談合組織にも加入していた。もちろん一般の土木工事しかできない会社であるから水道局の仕事を請け負っても自社ではできない。これも受注したら丸々水道屋さんに丸投げである。

ある年に四月から十二月まで全く受注できないことがあった。その年は俺の所属していた会社の縄張りで工事が出なかったからそうなるのだが。そんな年の暮れに俺は水道局の課長から呼び出しを受けた。何かな?と思って行ってみると個室に座らされて課長が「一歩さん、今年度は受注する気があるのですか?」と、俺はキョトンとしながらも「もちろん、仕事いただきたいですよ」と答える。そうすると課長はホッとしたように「じゃ一歩さんとこ、年明けに指名業者に入れた工事が出るからよろしく」と。多分であるが、水道局も指名参加業者が全く実績ゼロで、一年間終えてもらうのはよろしくないようで、こうして業者に気を回すのである。年明けに課長が言った通りに俺のとこが水道局発注工事の指名業者として工事の事前説明会に呼ばれた。こうなるとその後の談合組織の話し合いの場では他社がしゃしゃり出てきての競合はない。これが俗に言う「天の声」である。この天の声をいただくことで年間通しての空振りがなくなる。談合組織とはありがたいものである。今は流石にここまで優しいお役所はないだろうが、我々の年代は延々とこうして公共事業で食べてきた。

こうした不正は発注工事だけではない。工事に関わる水道管やその他の資材も、製造会社はお互いに競争しないように価格を取り決めて富の分配を上手く行っている。日本人は本当に談合とかカルテルがお好きなのである。ここで一応カルテルの説明も。カルテルで検索するとこうあります。

複数の企業が連絡を取り合い、本来、各企業がそれぞれ決めるべき商品の価格や生産数量などを共同で取り決める行為。

これも建設業でよくあることなのだが、水道管などの材料が数社のメーカーで高止まりとなる価格で決められて、メーカー間の価格競争とはせずに各社が一定の利益を得られるような市場を作り上げる。要するに日本人は官民あげてお友達を多く作ることに長けている。要するに談合もカルテルも同じで誰も価格競争などしたくはないのだ。そのための談合でありカルテルなのだ。「まぁまぁ仲良くやりましょうよ」が大好きな日本人。「見て見ぬふり」が大好きな日本人。

他の業界も全てが一緒。土建屋さんもそうでしょ？　我々も同じですと言わんばかりのニュースが年間行事のようにニュースに彩りを添える。例えば損保業界では、共同保険（複数の損保が共同で一つの保険契約を引き受ける保険）で価格カルテルなどは常識だったようなのだが、昨今急に金融庁に突かれ始めたらしい。これなども呉越同舟のはずの金融庁が急になぜ取り締まることになったかはわからないが、今頃になってめんどくさい話だ。この価格カルテルは鉄道関係の数社他成田国際空港など運輸業界にも広がっており、さらに自動車や鉄鋼といった小売業界にまで及んでいるとあるが、それって日本のほとんど全部に及ぶんじゃないの？って笑えるほどである。日本全産業界が「闇」の中である。

それ以外にも違法なことを挙げるとキリがない。「随意契約」なんてものがある。もちろん土木業界でもこの訳もわからない随意契約を大いに利用はしている。例えば「この技術はこの会社しか持っていない」とか「できる業者がここしかない」という理由から競争入札が適さないとなった場合はこの随意契約が許される。その他にも低予算の工事は職員の判断？

思惑？で随意契約が許される。法律というものはその人の解釈とやり方でいくらでもどうにでもなる。解釈によって役所はその範囲を広げる。これもあれもと。

俺も以前にある公社でお世話になったことがある。一度何らかの工事をその公社より仕事を一本受注したのだが、その後も何度かその時の職員を訪ねては百万円に満たない工事を幾つかいただいた。そこでは百万円に満たない工事は職員が個別に随意契約で発注ができていた。こちらは上限が百万円だとわかっているので、利益を得るのは実に容易だ。あまり悪いことはできないが、概ね八十万円くらいの仕事を九十五万円くらいで見積もりを出して受注すれば問題ない。公社からのボーナスのようなものだ。そこにはあまり倫理だとかは働かない。

昨今では発注者が設計業務を発注しても手を上げる設計会社がいない。そのため今後は契約も随意契約のオンパレードとなりそうだ。どういうことかというと、例えば橋梁の耐震補強工事の設計を発注する。そして受注した業者が現れたら、まずは発注した業務を設計してもらい、その業務がある程度目処が立ったら、その後も同じ工種の耐震補強工事という名目ならば同一の設計会社に次々と随意契約で入札をスキップしてやらせようというもの。だから設計会社は最初の設計業務を請け負ったら、その後その発注者のお抱え設計会社のような存在となり次々と仕事が入るというものだ。こうなるといずれは発注者と受注者間で阿吽の呼吸とやらになり不正の温床となるだろう。

俺が談合屋として過ごした日々の中では倫理とかモラルとかいうものに触れたことはなかった。周囲はみんな談合仲間だし、発注元の公務員もみんながやりたい放題だった。役所に行けば入札金額を教えてくれる優しい公務員がいたし、工事を譲り合う談合仲間もいた。たまに公務員が「競輪で擦っちゃって……」なんてくるのでお金を融通してやったりするとその公務員が俺の受注した工事の完成書類を作ってくれたり。持ちつ持たれつ？ってやつですかね？　誰もそれが「悪」だとは思っていなかった。この時俺が思ったのは「なんだ人を批判する普通の人達って大したことないな」であった。なんでこんな人たちに俺は今まで批判ばかりされていたんだ？　俺が悪の権化だ？　一般人の方が酷いじゃないか。ここから日本人を信じることを止めた。子供には「フェアにやるんだ」「正直に」とか言っておいて大人たちの本質はこれだ。そんな人達を信じろって？　俺はそんなお人好しではない。こいつらを叩いてみよう。そう思ってから俺は誰からも好かれない悪いお爺ちゃんになった。捻くれている？　そう、随分と俺は捻くれている。それは間違いない。俺は大学生に「正しい談合のやり方」「闇カルテルの操作法」というのを教えた方が良いと思う。より実践的な仕事のスキルが得られるはずだ。フェアにやったら損をするということも十分教えるべきだし、コンプライアンスは形だけ整えれば良いと教えるべきだ。

この談合はやっていた俺なども問題であるが、取り締まることがないばかりか、社会を上げてバックアップしていたのであるから恐れ入る。市会議員はその年に出る市の工事情報を教えてくれたし、入札する市役所は担当のところに行くと入札金額を教えてくれた。談合してますよ、とばかりに毎年飽きもせず指名参加資格ある談合組織が同じ順番で仕事を受注していても、公正取引委員会がとやかく言わない。その談合により市に所属する土建屋はほぼほぼ役所の予定する落札価格という高値で受注しており、その高値落札のお陰で市内の金物屋や材木屋、建材屋が潤っていた。要するに市役所と談合組織や市会議員までをも含めた組織で市内の経済を安定させていたという構図だ。

ここでよく考えてもらいたいのだが、法律は政治家が決めているということだ。その政治家と談合組織が組んで堂々と法律破りをしている。組んでと言えば政治家が怒るだろうが、そんなものはどうでも良い。なぜならその事実を知っていて何も言ってはこなかったのだから、組んでと書かれても仕方ない。そんな法律って必要？　俺などはこうやって政治家と付き合っていたものだから全く政治というものに興味を持ったことがなかった。彼らには「矜持」というものが全くない。そんな人達を信じて「清き一票」など入れられるわけなどないだろう。俺は過去においても未来においても政治に一票たりとも票を入れはしない。

本来は自分達の作る法律を全く無視している談合組織を政治家こそが潰さないといけない

はずだ。それができずそれと知っていて談合組織の土建屋に媚を売り「清き一票」とやらをもらおうとする政治家。この日本のこれが構図だ。全てにおいて堂々巡りの「必要悪」で済まされてしまう。これこそが日本人の「見て見ぬふり」文化の究極の形なのだろう。たぶん東京オリンピックの談合など、それに加わっていた人たちは誰も罪の意識もなくそれをしていたはずだ。だってそうだろう、そのやり方が「普通」であって談合以外に東京オリンピックを無事終える方法など、誰も持ち合わせてはいなかったのであるから。進まないオリンピック事業をなんとしてでも進めてくれ。それが官民全員の願いだったはずだと全く知らない俺でも予測がつく。それを今更取り締まるなんてのは邪道だ。最初からわかってやっていたもので取り締まりがオリンピック前にはできなかったはずなのだ。その時期には知っていても誰も言えなかったし取り締まりの可能性など誰がどう考えてもなかったはず。それはそうだろう国家的事業が間に合いませんでは日本人が一番気にする体裁というものが崩れるのだから。堂々巡りでやっていたはずの談合をその時には取り締まれずに無事オリンピックが終わったら「さぁ取り締まりをしよう」なのだからやられたほうはたまったものではない。次から誰がそれに参加するのだろう？　むしろそのことの方が気になってしまうのは俺だけか？　悪党がいなければできなかった事業で悪党を使っておいて、無事事がなったならバッサリと切り捨てる。これもこの国の形なのかもしれない。俺も今後は気をつけたい。

これから就職する若者は苦労せずに生きたいのであれば不正社会の歯車として今まで通り生きていくことを推奨する。長い物には巻かれろ。それが人生を楽に生きるコツだ。談合屋としてやっていた俺は、談合に向かう際には一千万円以上はするベンツに乗って役所へ通っていた。そんな生活に憧れるのだったら裏も良いだろう。

談合もできるうちは華であったが、昨今では工事を発注しても誰も名乗りを上げてはくれない新時代へと突入した。ゼネコンの人手不足で工事を発注しても受注しますと手を上げる業者がいないのである。こうなると困るのが発注者となる。道路管理者は道路の点検をして破損度合いをみて補修ランクを決める。悪いものでは少なくとも五年以内には抜本的に補修が必要であるとか、場合によっては早々に補修をしなければならないとかである。この場合道路の補修が迫られているのに、それができませんとなったら最悪道路を閉鎖するより他ない。

道路管理者にとって道路閉鎖だけはなんとしても避けなければならないことなので、是が非でもゼネコンに発注して補修工事を請け負ってもらう必要がある。そしてそれは「絶対」である。昨今多い入札不調、不落札により俺も一度事務所から追い出された経験がある。発注図書を作って、積算もしていざ入札となったのだが、かろうじて応札する業者はいたのであるが価格があわず不落札となった。その年はそれが続き、施工業者がいない状態が続き仕事のない俺が事務所から追い出されたのである。

これが二〇一八年のことであり、そういった現象はその数年前からあったことで人手不足問題も始まりは昨今のことではない。これについても決め手を持った対策をもたないままずるずるとやっているのがこの国なのであるが、はっきり言いたいのは、

「狭い日本そんなに急いでどこへいく？」
「その道路本当に必要ですか？」
「人口減少の中で未だに道路を増やしている国家戦略って何が目的ですか？」

大卒エリートなら疑いもなくその政策の良さを口にできるのであろうが、中卒学力の俺当りでは国の戦略は「己の身の丈を知らないお馬鹿さんの行為」だとしか思えない。はっきりいうと俺などは政治家が国家予算を決めるのではなく、Ａ１に未来のあるべきこの国の形を入力して算出してもらいたいくらいに思っている。少なくとも政治家や官庁の予算の奪い合いなどはなくなって、少しでも未来志向な予算となるのではないだろうか。将棋も人間をＡ１が打ち負かすことにより人間自身の将棋が進化を遂げている。

それが政治の世界では未だに議員の裁量などというものや官庁同士の予算の奪い合いといったアナログでやっている。挙句の果てに国の大借金まで作って。Ａ１に国土利用の未来予想図を描いてもらうだけでも予算の重点配分すべき点が明らかになるのだとしたら大助かりである。道路だけでも、この道路は必要？　この白線は必要？　この標識は必要？と問い詰めるだけでも違う。

これまでは談合でも一億円の工事は一億円以下での受注だから工事は予算内でできていた。しかしこれからの新時代はそうはいかなくなった。受注業者がいないから道路の補修はできないので道路は閉鎖しますでは通らない。道路管理者は施行業者と上手く折り合いをつけて補修をしてもらわなければならない。それが新時代の幕開けとなった原因だ。そしてその新時代では、一億円の工事だと役所が算出した予算では業者との折り合いが付かないというか手を上げてくれる業者がいない。その場合は是が非でも工事をやってもらわないといけない発注者は業者と話し合いをして一億一千万円、一億二千万円という額で交渉して工事をやってもらうという新しいシステムへと移行。自治体がお互いに施行業者を奪い合うような時代になるのかもしれない。そうなったら最悪は自治体の持つインフラなど整備や維持管理が追いつかなくなるだろう。まぁ現状でも追い付いてはいないのだが。一億のものが一億五千万円にもなり、いつ工事が始まるのかもわからない時代が来る。土木などの業種に今の若者は就職しない。土工、左官、鳶……どこに若者がいる？　外国人労働者？　日本の低賃金ではみんな海外へ脱出だ。さて？　この国は自力で何ができる？　加えて今後は地球温暖化による自然災害や地震で税金など全部持っていかれると考えるとゾッとする。

ちなみに仕事がなくて事務所から追い出された俺はちょうどいい感じでお金が貯まったものだから旅行へと出かけた。その時はまずノルウェー、アラスカ、ユーコン、カナディアンロッキー、そして最後にアメリカの世界のトレッカー憧れのジョン・ミューア・トレック三百四十キロを三週間かけて歩いた。合計三ヶ月間の山旅を過ごした。この三ヶ月の山旅はずっと世界中から集ったとレッカーと全てキャンプによるトレックでこれまでの旅行の中でも最高に楽しかった。

北欧のフィヨルドを周り、ノルウェーでトレッキングを繰り返し、アラスカでは氷河にセスナで降り立ってみたり、アイスクライミングをしたりと大自然を満喫した。ユーコンではたまたまトレッキング中に森の奥の池で野生の大きなヘラジカに会ったがその時の感動といったらなかった。まるでもののけ姫のシシ神様に出会ったような感覚で、黙ってその光景に見惚れてしまった。カナディアンロッキーでは幾つもの絶景の湖を横目にトレッキングを目一杯楽しんだ。特にヘリで向かったカナディアンロッキーの奥地のキャンプ地でのハイキングは、地球の持つ自然の豊かさにどれほど癒されたかしれない。それにも増して現地で一緒に旅した各国から来たトレッカーとは本当に仲良く過ごすことができて終始楽しかった。

最後のジョン・ミューア・トレックでは三週間ぶっ通しで毎日重量が二十三キロ〜二十七キロの荷物を背負って三百四十キロを完歩した。途中ホイットニー山にも登頂しながら世界中から来たトレッカーと苦難を共にしての旅は俺の人生の一つのハイライトだ。スイッチ一つで何でもできる生活よりもキャンプ、キャンプ、キャンプ、徒歩、徒歩、徒歩の生活の方がストレスが全くない。

日本ではとにかく百名山などというセコい山旅をする人が多いようであるが、他人が日本の地域事情も考慮して選んだような山を選んで歩いている暇があるなら、これからの若者は自分で世界の百名山でも見つける時間くらい持ってもらいたい。百名山など我々の年代までの過去の遺物だ。世界には万という数の山が聳える。こんなお爺ちゃんでも世界の数十の山を登っている。標高七千メートルを超える山だけでも百名山以上の数だ。富士山以上高い山だけでも二万を超える。アンデス、ロッキー、ヒマラヤ、カラコルム……全部がこの地球上だ。日本と同じ惑星にある。すぐ目の前に。三ヶ月とか半年あればけっこう歩ける。人生の半年や一年自分のための時間が捻り出せない？　オイオイ自分のたった一度の勝負の人生だぞ。その自分自身の人生のマネジメントができなくてどうする？　己の人生のたったの半年や一年を仕事から切り離せないでは人生を無駄使いしているに等しい。人から与えられた百名山と自分で作った百名山。どちらが価値が高いかなど言わずともわかろう。「みんなやってるよ」の「日本人あるある」から脱退しよう。

山旅後に昔ハワイで住んでいた時にお世話になった家族がシアトルに住んでいるのでシアトル観光を楽しみ、そしてハワイに久しぶりに寄って旧友に会って、一旦日本へ帰国してアフリカ各国のビザを取得する傍ら、台風で被害を受けたお隣の長野市の災害ボランティア活動へ通う。無事ビザが取れたので早々にアフリカのセネガルへと行き、それから再びオーバーランドトラックツアーでナミビアまで、トラックを使ってひたすら陸路で十六カ国を旅して、最後はコロナの影響で帰国した。この旅の最後はコロナの影響もありナイジェリア辺りからなかなか国境を越えられなくなり、最後はアンゴラで旅に終止符を打たざるを得なくなった。俺は何度か海外のオーバーランドトラックツアーを利用するが、そこで一緒に旅をする人たちはごくごく世界の普通の人たちであるが、三ヶ月から半年程度の旅行なら何度か参加している人が多い。この時も南米一周のオーバーランドトラックツアーで俺を見たという人が一緒だった。俺は残念ながら彼女のことを思い出せなかったが、彼女から昔の南米一周時の写真を見せられて二人して大笑いした。その時俺は若かった……である。

俺は子供の頃に俺が行きたいと思っていた最後の地域がこの西アフリカだったので終わり方は良くはなかったが充分満足できた。ここで俺は子供の頃に行きたいと思っていた八十カ国余りを無事旅して終えた。まぁこれでいつ死んでも良い身となった。これが現役世代最後の最後還暦を迎える前にできたことは俺自身俺の人生に大満足な出来事となった。

この世界の山旅と西アフリカ縦断とで九ヶ月間の休息を経て俺はまた金欠で土木の仕事へと戻った。俺の人生のネガティブ期間だが、クマが冬眠するようなものだと諦めて仕事を開始。案の定ロクな仕事ではなかったが。

まぁそれでも俺と同じ職に就いている人たちは俺が旅行する一ヶ月、三ヶ月、半年、九ヶ月とずっと仕事・仕事・仕事なのだから、俺は俺の人生の幸運に感謝しかないのだが……。

俺は技術屋になった

アラスカ、ルート氷河。

談合屋を辞めた俺は土木の技術屋としての道を歩み出した。ゼネコンの技術支援や発注者の支援業務を行う。土木コンサルタント業である。と言っても俺は俺。他の人同様に仕事だけをやってきてはいない。俺は子供の頃から地球というものに興味があって、子供の頃は海外の旅行番組ばかりを見てきた。だから俺は仕事を一定期間やったら海外旅行の目標を定め一ヶ月間、三ヶ月間、半年間、九ヶ月間と決めて旅行に出掛けていた。南米一周とかアフリカ縦断とかである。だから俺は仕事↓旅行↓仕事↓旅行の繰り返しの人生で、旅行から帰国毎に違った職場で働いた。

帰国後に職場が変わるということは飽きやすい俺にとってはとても理に叶ったもので、大いにそれを楽しんだ。結果として土木のさまざまな工種を体験できて仕事の内容としては面白かった。そう仕事の内容としてはである。仕事は面白かったのであるが人との付き合いは全く面白くないことばかりで、この業界の「闇」に触れる度に反発していた。だからこの業界で三十数年間は全く仕事での友達というものは作らなかった。作らなかったというのは間違いで敵ばかり作ってきた結果が友達不在であったかと思う。不正はもちろん日本人の精神文化との闘い。それらは「闇」の部分が大きすぎてこの業界の次世代の若者たちのために何から手をつけたら良いのかすらわからなかった。俺はその都度海外へと脱出して心をリセットして帰国後に再び日本人と闘うことの繰り返し。そんな人生を繰り返した。特に酷かったのは発注者側の支援業務でやればやるほど職場の日本人全てが嫌いになった。発注者側の仕事に就いてからは呆れるばかりの悪さばかりする人たちと争ってばかりいた。俺はダメなものにはダメという。俺の心の奥底にある何かがそんな奴らをやっつけろと常に俺に叫んでいた。元々俺は日本人社会が大嫌いだった。子供の頃から嫌いな勉強を押し付けられるのにうんざりした。表では綺麗事ばかりで陰で何をするのかわからない奴らの社会。俺は何もかもが受け入れられない社会だった。途中で俺は日本人なんかこの地球から消えてなくなれと思っていた。綺麗事、綺麗事、綺麗事。その裏で奴らがやるみっともない不正の数々。「大嫌いな日本人社会をぶっ潰せ」それが俺の信条となった。

発注者側ではなく、施工業者の支援業務では面白いことも多かった。例えば風力発電所建設の現場所長とかは楽しかった。大型風車で地面から最も高い風車の羽の先端までが地上百メートルにまでなる大型風車を二十八基も建てるという建設工事。

所長と言っても俺の場合はほとんどが現場周辺の地元対策が専門だった。要するに地元民と上手く付き合えば仕事は専門の技術者がいるので彼らに任せてというスタイルの所長職である。俺の場合は地元の人と仲良くなり過ぎていささか遊び過ぎた感はあるが、遊ぶだけ遊んだ。

例えば朝には安全朝礼を行う。その日の作業を班毎に発表してもらい作業の確認をする。その後に各班に分かれて個別の安全確認をして作業へと入る。そんな朝の朝礼の最後列に地元の人が立っていることがままあった。地元の人は朝礼が終わるなり俺のところへ歩み寄る。そして一言、

「所長の仕事はこれで終わりだろ」

である。いや、終わりではない。朝の十五分程度で終わる仕事などありはしない。所長は現場の見回りは欠かせないし、役所や会社への提出書類も作らなければいけない。暇そうに見えてもやることはそれなりにはあるものだ。それでも地元の人から「終わりだろ」と言われれば地元の人の発言の意図するところを汲んで言葉を選ばなければ所長などやってはいられない。俺は軽口で、

「いえいえ、朝礼が終わってこれからが仕事なんですよ」

と返す。すると地元の人がニヤっと笑って、

「わかっているよ。まあ十分は仕事していいから、九時から予約入れてあるから来てよ」

と自分の言いたいことだけ言ってとっとと車に乗って行ってしまう。こんなことが何度か

あった。俺は事務所に戻り慌てて着替えて、九時までに指定された場所に慌てていく羽目になる。どこか？　どこだと思う？　実はその時によく地元の人から呼び出されて行ったのがゴルフ場。ゴルフ場では港の漁労長だとか地元企業の社長さん方が俺のことを待ってましたとばかりにニヤニヤとして出迎える。

これも俺の趣味が役立った。もうこれを最後に俺はクラブを置いたが、俺は施工管理員としての道を歩み始めた当初は民間事業から始めたのであるが、その時ゼネコン社員さんからゴルフを誘われたのをきっかけに三年間ほどであるが毎日クラブを握っていた。三十五歳を過ぎてからの趣味だったが少し真剣にやってしまった。仕事が終わると打ちっぱなしの練習場へ行っては毎日数百のボールを打っていた。俺が忘れていないのがその時初めて誘われた時のスコアだ。なんと「百四十四」パー七十二のちょうど倍のスコア。実はこの最悪のスコアで俺の心に火が付いたのだから人生は面白い。負けず嫌いの俺は翌日から毎日練習をしてスコアも面白いように伸びた。二年もするとパー七十二は七十二で回れるようになった。それでも俺はゴルフをパッと辞めた。ゴルフをやっているとお金がゴルフで終わってしまって、休みも全てゴルフだった。俺の人生目標の旅行が遠くなった。それでパッと辞めた。この後俺は旅行中心に人生のスケジュール管理を始めた。

なぜ、日本人は仕事から離れられない？　俺からしたら勤続数十年も立派なことだが、俺が個人的に興味が惹かれる人はそれとは違って様々な経歴を持った人だ。俺も以前は仕事と旅行を両立してなどと考えて旅行にのめり込めない時期が長く続いた。そんな時に、世界の山を何度かご一緒させていただいていた有名な登山家と次の山旅を選ぶのに何気なく「その時期は難しいな」とか「お金が……」とか、行きたいのに先に口から出るのは言い訳ばかりという有様。そんな俺にその登山家は何気なく一言。

「**仕事する暇はあるのにね**」

俺の胸にグサッと刺った。その一言が全てだった。それからの数ヶ月間はその一言が俺の喉に小骨が刺さっているかのように残った。その登山家は死ぬ間際まで山を目指していた。そんな人の言葉は俺には重かった。

何度も自問自答。

「**自分にとって仕事ってなんだろう**」

たった一つの疑問。結果としてその後俺は目標とする旅行資金が貯まれば旅行へ行きお金がなくなれば帰国というスタイルで自分の生活を一変させた。自分にとっての仕事とは遊ぶための資金稼ぎ、行きたいところへ行くための一つの手段だと気がついた。仕事にこだわることはせずに自分は自分の遊びにこそ全勢力を注いで歩く人生、それこそが大切だと悟った。元々小学校の時からずっと勉強や仕事は大嫌いだったのだ。その代わり俺は遊ぶことにかけては天才的に天性の才能が備わっていた。自分でその才能があることを忘れていた。実際に日本を離れ海外で三ヶ月、半年と旅行三昧でも全く飽きることなく過ごすことができた。周囲が英語圏の人だけで俺が英語はわからなくても平気だった。

大切なことは明確に自分が生きている間に何を観たいのかを整理して、その目標のために仕事をするという明確な日々の目的意識。帰国して新たに働くのだが、その時には次の目標を設定するのでここでの生活は一年間とか一年半とかを決める。それは次の旅行の出発時期・旅行資金を見据え、そこから逆算して○月○日までにいくら貯める。それまでにこれだけのことをしなければならないと明確に予定をたてる。これは場所がアフリカなどだとある程度の予防接種などが必要だ。その予防接種は意外と長期間のスパンでみないと旅行に間に合わない。黄熱病はもちろん、狂犬病や破傷風などは誰しも分かるが、その他にもA型肝炎、

Ｂ型肝炎、ポリオ、風疹、髄膜炎感染症等気になる予防接種はたくさんある。予防接種はやる順番を考えて順序よくやらないと期間がダラダラと長くなる。予防接種は一つの予防接種でも一回で済めば良いが、同じワクチンを三回打たないといけないとか、回と回の間は数週間空けないといけないとかの決まりがある。時間がかかると同時に順番を考えてやっていかないと全部が済む前に出国ということにもなる。

急に旅行の話をしているが、このような体験を積むことは全てにおいて自分のキャリアや世界を広げるのに役に立つし、自分はなんのために仕事をするのかその意義が認識できる。俺の周囲にいた人はギネスブックに乗っているような人たちで、そこでは己の実績が全てだ。ただ自分の人生を傍観して見ている奴に用はない。人生ってやったかやらなかったかでしかない。だからこそそこでの体験は大きい。体験こそが全てのスキルを上げる。

前述した土木技術者もそうだ。俺はアマチュアの旅行家として、作家として、登山家としてトレッカーとして、ゲストハウスの宿主として、飲食店の経営者として、なんでも興味が湧いたものだけをやってきた。これら全てが結びついて俺の人生を彩っている。技術者という土壌があったために、ゲストハウスも自分で古民家を購入してからリフォームは自分ででききた。旅行や登山のお陰でお客さんとの会話が途絶えない。もちろん様々な工種を経験した技術者として全ての経験が全ての工種の応用となり役立っている。どの工種の積算業務を任されても工事の完成形が見えるだけの経験があるので業務もスムーズに入ることが可能だ。人が一日かけてやる仕事も半日とか二時間程度でできるようになる。そうすることで全員が残業している中一人定時で堂々と帰宅できるようになる。それに対して誰も文句すら言えないだけの実力がつく。

これから社会に出る人にこれだけは言いたい。俺と同じ仕事に就くのであれば俺と同じで一生を仕事だけで終わらすなんてもったいない。このお爺ちゃんですら仕事以外に世界八十カ国観て歩くことができた。世界十数カ国で登山やトレッキングもした。計画的にやればもっともっと回れるはず。世界二百カ国に加えて他の惑星までも行けるはず。半年とか一年遊んでも人生は成り立つということはこのお爺ちゃんが既に証明している。まさかとは思うが「自分がいなければ仕事がまわらない」などと考えることは冗談でもやめろ。人生でこれだけはやっておきたいという目標がないということはあり得ないし、なければ明日死んでも勿体なくはない。たった一度の人生だ、まずはやりたいことを最優先に生きることから始めることだ。

さてさて、北海道でのゴルフ三昧。そんな楽しい業務は多くはない。この業務を終えて俺はひとまず今は亡き親父と北海道を一周してからバックパッカーとしてトルコへと旅立った。約一ヶ月かけてトルコを一周。ちょうどその中間地点で世界がここから変わったと言われた「同時多発テロ」がアメリカで発生した。それまで何の危険も感じなかったトルコでも帰国までの二週間は緊張があった。それまで全く見なかった軍の検問が都市の出入り口全てで行われるようになった。多い日は日に数回軍に停められてパスポートを提示して街に入った。これとは別にここトルコでは人種というものについて考えさせられるようになった。俺はトルコのイスタンブールに入ってから反時計回りに国内を周遊した。トルコの東部は多くはクルド人居住エリアだ。多くのクルド人が俺と話すときに自らのことを「トルコに住んでいるが俺はクルド人だ」と必ず言う。日本に住む俺は普段人種というものを意識しておらず彼らの自己紹介はどうしても違和感があった。世界で国を持たない人種で最も人口が多いとされるクルド人。時に戦争の火種となることもある。俺は同時多発テロが発生した時にそのクルド人が多く住むところにいたものだから旅行中ずっと民族問題、宗教問題について様々な学びがあった。俺にしたら珍しく帰国後にこのクルド人について調べもした。勉強嫌いだった俺でも実社会で様々に経験することで自ら学びを求める。

俺が談合屋を辞めてから談合に対する世間の風当たりが強くなって、談合ができない入札も行われてき出した。談合がやりにくくなった数年間で土木業界も確かに変わった。仕事を談合組織に頼らなくなった。もちろん談合できる物件が全部なくなったわけではないが、入札制度を変えたりで談合がしにくくなっていた。その結果として低入札が多くなった。低入札とは仕事を取るために発注者の落札予定額を大幅に下回る金額で受注することなのであるが、当然のことながら会社の利益にはならない。なんでそんなことをするのか？　それは談合もなくなり競争となったからで、低入札であっても企業などは年間の受注額を確保することに重点をおく変な経営理念を持った会社もままあり、それらの会社が無理な受注を繰り返したりもしていた。

俺が現場で施工管理業務をやり出してからのこの出来事は非常に困った。正直困った。なぜかというと、低入札の結果ゼネコンや地方の中小企業に「お金」という体力がなくなったからだ。結果として悲惨な状態をこの業界に生み出すことになった。これはもちろん談合を肯定する意味で言っているのではなく、事実を事実としていうのである。

施工業者にお金がないとどうなるかである。十億の工事を六億で落札するとする。この時点で利益はゼロ。利益を考えるより持ち出しの方が多くなる。それでも本社から現場所長にはマイナスではなくプラスに変えてみろと無理難題を言われる。勝手に本社営業がとんでもない落札価格で取った物件であっても。ここらは暴力団とそんなに変わるものではない。本社は暴力団のように上納金を求める。現場を任された所長は現場を早く、安く仕上げることに邁進する。要するに手抜き工事が始まる。必要な職員数も維持できなくなる。その結果新人教育などが疎かになりここで上から下への技術の伝承が失われた。そして即戦力とならない新人社員の採用を見送る。入って来ても教育にはお金がかけられないので、その頃から新入社員の能力レベルが落ち出した。現場に行くと図面通りに構造物ができていないとかできたのは良いが構造物の位置が間違っているだとかどうしようもないことが頻繁に起こるようになった。その全てが談合撲滅のための入札方法の改善にあるのではないのだろうが、俺はこの時になって「必要悪」によって社会のバランスが上手く保てていたことを初めて知ることとなった。良い社会勉強である。

施工管理をやりだして施工業者のレベルの低下を目の当たりにして現場では嫌な思いをすることが多くなった。造ったものを壊してやり直しさせるとかだ。企業には必要な余力を与えなければ正常な物造りは不可能だということを実体験できたことは良かったのか？　それは死ぬまでわかるはずもないが、なんだかんだと言っても社会は資金がなければやるべきこともできず衰退すると知った。現場ではお金があれば安全管理もするし品質管理もする。お金がないとその部分を疎かにするのが必然となる。

公共事業などは談合撲滅で一時的に数年間企業が体力を失くす時代を作った。そしてそれは新しい人材を作り出すことも困難となった。バブル崩壊、談合撲滅、リーマンショックとで雇用ができなくなった。ベテランから若手へと技術の伝承が途絶えた。こんなことは中卒レベルの俺では全く考えようもないことであったが、実体験というものは学校の教科書よりよっぽど役に立つものである。

日本人が一斉に談合は「悪」としたのだが、確かに「悪」ではあるが、それでも談合で満額取ってみてもその金額は役所が積算で算出した金額よりは少ない額だ。余分に利益は得ていない。役所が適正価格は一億円だとしたら、一億円ではなくそれよりも値引きした価格で受注している。それを「悪」とした結果は悲惨なものだった。積算金額の二割、三割引いた価格では利益の確保が難しく、現場では余裕を持った新人教育など次の世代を迎える余力が奪われた。時間をかけて良いものを造ろうという精神も奪われた。技術の伝承が奪われ業界の未来が奪われた。

俺は不可解なこの国の資格制度に救われた

アラスカ、コロンビア氷河。

俺は発注者側に移る。そう簡単に移れるのか？　それが簡単に移れるのだ。ここで日本のバカみたいな資格制度について少し話そう。土木の世界で万能なのは、

一級土木施工管理技士

という資格だ。現代社会に俺が一番感謝している点であるが、三ヶ月とか半年間旅行していてもその間に世界のどこからでもメール一つで帰国後の仕事が手に入った。ブラジルから、ナイジェリアやマダガスカルから、メール一つで仕事が得られた。海外旅行中に建設コンサルタント会社数社の営業にメールをすると大概は一週間以内に仕事が決まる。これは多分に俺の人生の運の良さかもしれない。若い頃は悪さばかりしていて、行き場がなくて土建屋に。まぁ俺みたいな人間の王道だ。しばらく肉体労働をして現場監督にまでなり、その後に大きな工事案件のある発注者側の各機関でスキルアップ。不登校だった学生時代は全く機能しなかった脳みそとやらをやっと人並みに社会に出てから使い出した。土木の世界で面白いことは経験を積み、一級土木施工管理技士なんて資格を取れば大概の工事の責任者として受け入れられるということだ。

その資格を取ったことで俺は様々な工事現場へ出入り可能となった。この資格というのが凄く、まるでトランプのジョーカーみたいなものだった。学歴のない俺でもこれがあれば大丈夫。高校や大学の学歴と同等に現場で機能する。

学歴社会に学歴のない者が簡単に立ち入ることができる万能ツール。それが資格。

俺が施工管理員というのをやり出した初期の頃の話だが、区画整理事業の造成工事の施工管理員という仕事に就いたことがあった。その区画整理事業は日本の誰もが聞いたことがある一部上場の不動産会社が手がけるもの。俺は建設コンサルタント会社を通じてその不動産会社へ出向という形で、区画整理組合の事務所に入ることができた。社内会議などではその会社の社員が席を占めるのだが、その一角に俺がちょこんと座る。いつもはだいたい不動産会社の社員が五人とか六人で、建設コンサルタントの俺の上司に当たる人と俺とで会議をしていた。そこで気がついたのは俺だけが義務教育だけを受けた人で、その他の人は全て大卒。それも不動産会社の全員が東大出身者。彼らを前に俺が現場の進捗などを話すのであるが、その時思ったのは「なんだ学歴なんかなくても資格があれば仕事は同等にできるんだ」であった。

本当に資格とは便利なツールで、学歴などなくとも俺のように遊び人でも、帰国後パッと新たな現場に就いて契約社員として最終的には月額百万円で仕事に就くことができた。今でもやる気さへあればこの資格で同じだけ稼げる。選んだ職業、生きた時代等々全てにおいて一度きりの人生を満喫するために、まるで神様が俺に与えてくれたような環境を俺は得ていたように思う。その人生を活かすツールが資格。それも受験前に一週間徹夜して取った資格。それが高校、大学と一生懸命勉強してきた人たちと席を同じくするツールとなるとは驚き以外の何物でもない。苦労して高校受験、大学受験をしてそれぞれの課程を数年かけて卒業し、就職戦線を勝ち抜いてきた人たちと、人生遊び抜いてたった一週間の努力で資格を取った俺とが同等なのである。

お金にしても技術者となれば歳を取ってもサラリーマンとは違い六十代、七十代と同じ条件と金額で雇用してもらえる。サラリーマンは六十代からたいがいは給料を減らされる。人生百年時代。そう考えるとサラリーマンをコツコツやるよりは、トータルでは生涯収入は契約社員の方が上となるから面白い。それが可能なのが資格だ。俺は五十代から契約社員でずっと月額八十万円から百万円で雇用されてきた。中卒レベルの俺からしたら他と比べても悪くない。ネットで見ても「年収が一千万円を超える人」って検索すると、日本の上位五パーセントに入っているのだから。これって本当にアホみたいな日本の制度。俺のような中卒学歴が、これ一発でいきなり医師と同じ年収ベースとなる。俺が思ったのは「なんだ勉強もせずに遊び呆けていて正解だったな」である。医学生は頭が良くなければならないし、就職してもその責任の重さは半端ない。はっきり言って嫌な仕事だ。俺も一回手術を受けたが、全身麻酔薬にアレルギーがあったものだから、麻酔薬を打った瞬間からアナフィラキシーショックで死にかけたようだ。その時はなんとか主治医が上手くリカバリーをして、俺を三途の川の淵からこの世へ引き戻してくれた。医者など生身の人間相手でいったい何が起こるかわからない。それからすると俺がやってきた土木の施工管理員はお気楽なものだった。もちろん二百時間残業などもやったが、たいがいは逆に暇だった。俺なんか自慢じゃないが仕事の二分の一から三分の一はネットサーフィンで遊んでいた。多い時は一日中暇なのが半年続いた。

こうして仕事を得ることができる資格。しかしそんな資格にそれ以外の意味があるのかと問われると答えは「全くない」が正解。そうなのだ、資格は職を得るためには必須なのだが、それ以外は全く意味を持たない。意味はないが持つことで高校・大学の学歴をスキップできる。そこを解説しよう。俺は持っていれば職を得られて契約社員として月額百万円の収入を得るまでになった。しかしそれは資格があればこそで、能力を判断されてのものではない。あくまでも経歴書に、その資格だけ持っていますと書いてあればこそ、職に就けるのである。採用側が見るのはそこだけだ。それがあれば仕事がもらえる。何故なら求める側は人手不足で、その資格さえもっていれば誰でも良いのであるから。

俺について話そう。俺は資格を取るための条件にある経験年数をこの業界で過ごした後、試験へと向かった。若い頃遊び呆けていた俺が試験の資格を得たのは、やっと三十代半ばになってからだった。俺は是が非でもその資格が欲しかったから、試験の一週間前から休んでその資格の過去十年間の試験問題なる本を読み漁った。内容を理解するとかしないとかではない。とにかくこの問題の答えはこれというふうに単に記憶しただけだ。だから土木技術に関して覚えたのではなく、単なる問題の答えはこれという暗記方法を使って記憶しただけだ。そして試験を受けて受かった。その後はその覚えたことなどものの一週間もしたら全て忘れた。これが俺の資格の実態だ。それが実態なのだが、この一週間の苦労だけで俺は職場で東大卒や京大卒の奴らと同じ席で仕事ができた。高校の三年間と大学の四年間のお金と苦労を俺はせずに、まるでそれらの時間をタイムスリップしたかのような便利ツールが資格だ。俺は自慢じゃないが数学の三角関数すら全くわからない。例のサイン・コサイン・タンジェントって奴。それってまるでバカじゃん……と言われても反論すらできない。確かに俺はバカだ。

そんなんで仕事になるの?と思われるだろう。その答えは「俺はずっとこの業界でやってきた」が答えである。この事実は誰も曲げられない。これは間違いない。俺は勉強も学校に通うのも嫌いだった。それで失った学歴。でもこの資格を得たことで全てがチャラになった。

一気に高校・大学卒と同等だ。そもそも社会に出てしまえばそんな公式や方程式など覚えていなくて大丈夫だ。そんなものはみんなエクセルがやってくれる。俺は基本となる数値だけキーボード入力さえすれば答えが出るのだ。

俺の場合は長いこと土木業界で働いたので、その間には一級造園施工管理技士、一級管工事施工管理技士、一級舗装施工管理技術者等々様々な資格を取ったが、どれもこれも受験前の一週間頑張れば取れる。それさえあれば仕事に在りつけるのであるから良い時代である。ちなみに俺の経験からすると、一級土木施工管理技士以外の資格は使い道がなくて不要。土木の世界ではやはり一級土木施工管理技士がジョーカーなのである。他の資格は単に経歴書に書き込めば「箔が付く」程度のもので特になくとも良い。特に最後に登場した一級舗装施工管理技術者なんて資格こそは詐欺のような資格で、国家資格でもない。ネットでこれが必要かを検索しても意味のない資格だと書いてある。国交省では、資格所有の有無を確認されるだけで、評価は全くなく県・市町村レベルだと確認すらなし。要するに一級土木施工管理があれば問題ない。この資格は天下りする組織を作るための利権と天下り先確保のために作られた民間資格で、ちゃっかり五年に一度我々から集金業務だけをする組織だ。全ての土木資格の頂点に立つ一級土木施工管理技士でさえも一度取ってしまえば永久に更新などといった手間がかからないのに、後出しのこの資格は民間資格であり、運営する団体を維持するため五年に一回の更新が必要で我々は彼らの給料を支払うために更新料と称してお金を納めなければならない。役人はいろいろな天下り先を作り出すのが仕事とされているが、この資格などはその冠たるもの。暴力団と何ら変わらない。俺らの枠に入れと脅されて上納金を請求される。所詮役人なんかはていのいいヤクザだ。

土木業界と政治家との結びつきというと俺の年代だとすぐに思い出すのが田中角栄さんであるが、実際に政治家がこの業界に絡んでくることは多い。俺が頭にくるのはそのやり方だ。施工業者に在籍していた時に監理技術者講習というのを受けに行ったことがあった。監理技術者というのは、ある一定の規模以上の工事を請け負う際には、この講習を受けた技術者を配置することが義務化されているため、五年に一回この講習を受けなければいけない。これも先ほどと同じで役人の天下り先の確保のために作られた制度だ。内容は別段どうこうというものではなく、参加することに意義があるような講習会で、要するにこれを運営する財団法人やらの雇用対策。

この講習会がいかに不要かを説明するのにこれほど良い例はないからここに書く。俺が参加した監理技術者講習の時に、受講生数百人を前に講師が言ったことに驚いた。突然講師が選挙運動である。全く講習会に関係のない世論的な話しを始めたなと思ったら「次の選挙には〇〇党の〇〇さんをよろしく」って。完全な公職選挙法違反。講習会を終えてすぐに俺は主催者に文句の電話をしたのだが、全くニュースとはならん。主催者からの謝罪もない。普通の神経ならば講習者全員に「講習会で講師が不適切な……云々……」と謝罪して然るべきなのだ。こんな不要な講習会はなくしてもらいたいものだ。単に主催する団体の延命処置でしかない。挙句の果てには公職選挙法違反。この業界はこんなのばかりである。こんなのは政治家も絡んでいるからどうにもならない。ちなみに俺はこんなこともあり政治家が大嫌い。だから選挙など参加もしない。

資格について最後に一言。こんな資格などというものは誰でも取れる。昨今では違法ではあるが、資格試験を受験できるだけの経験年数がなくても受けている人が少なからずいる。経験年数などは受験申請をするときに会社などでその証明をしてもらう必要があるのであるが、資格を持った人の人数を揃えたい会社などは申請書類の中身の経歴の部分を改ざんして社員を受験させているなどというのはよく聞くことで、酷いのになると事務所の事務員に勉強させて見事合格なんて強者もいる。土木の現場など知らなくてもこうなると技術者として会社では何かしら使い道がある。こんなものも会社で印鑑をついて申請書を提出すれば誰もそれを確認するわけはないので、いくら不正しても大丈夫だ。元々日本は性善説に立って物事が成り立っている国だから不正などに対応するシステムがないからやりたい放題である。

俺でも唖然とする
現場の質の低下

アメリカ、ホイットニー山。

俺がゼネコンなど施工業者の支援業務を打ち切ったのはある意味正解だった。その後ニュースで数多くの施工不良や手抜き工事が次々と出るようになったからだ。もうこの流れを止めることは無理だろう。現場では技術の伝承もできていない。人もいない。企業は利益の確保こそが重要とばかりに頭の中は経済面のことばかり。少し実例を挙げるが全てが今の業界では納得できる事例ばかりだ。

俺の住む長野県で、工事は今やスーパーゼネコンでも技術者ではなく、素人がやる時代になったという驚きの事態が表面化した。長野市の台風による災害復旧の現場で、大林組が河川工事を請け負ったのであるが、元請の大林組とその下請け会社とで共に経験者が不在のまま工事をしたら、施工不良箇所が一万箇所以上もあるようなとんでもない構造物が出来上がった。当然、全て取り壊してやり直しだ。実にわかりやすい業界の実態を見せつけた事件である。工事の際、どこをチェックしなければならないかを理解した人を配置しなかったらこうなるという実にわかりやすい事例だ。

たまたま読んだこの不祥事に対する新聞記事には未経験者だけで固めた工事というのは見

たことがないとリポートされていたが、俺からしたらイヤイヤ、素人ばっかりが普通だよとなる。これが土木業界の日常。俺が施工者の作るべき施工計画書から作ってやって、やっと出来上がった現場もある。世の中そんなものだ。

建築でもスーパーゼネコンさんがやってくれています。大成建設が札幌で高層複合ビルの建築で建物の骨格となる鉄骨の比較的初期段階で施工ミスをしていた。そこで直せばよかったのだが、精度不良のままどんどんと立ち上げていったら途中でそれがバレて内部調査したら、鉄骨だけで八十箇所もの精度不良があったのだそうだ。もちろん骨格となる部分がそれであるから付随するスラブなどは二百四十五箇所もの精度不良を見つけられてしまったというなんとも情けない事例。結局十五階まで立ち上げてしまっていたものを解体しないといけなくなってもちろん工事は遅延。それに伴う違約金が発生して損失額二百四十億円だとか。

大成建設さんは札幌だけでなく東京でも世田谷区庁舎建て替え工事で失態を演じている。その工事の期間中には引っ越しなど様々な作業の制限があるらしいのだが、全くの認識不足のまま工期設定をしていたらしく蓋を開けてみたら予定通りに行くことはほとんどなく結局は二年近くの遅延となる。

この後に清水建設さんもＪＲ田町駅前の超高層ビル「田町タワー」で施行不良が発覚し二十億円の追加費用に加えて大幅な竣工日の遅れが発表されている。

こんなのもこれから後を絶たないのだろうなと率直に思う。以前であれば経験値の高い数人のベテラン技術者が社内にいて、いくら部下が立てた工程であろうとも、どこかの段階で様々な疑問を投げかけるか、最初から部下に官庁のそのような仕事の場合は引っ越し作業とかで作業制限がかかる期間があるよとかの注意事項を当然のように教えていただろう。今はそれがなく、いきなり現場所長として赴任して本人には全くそれらのノウハウがなく、相談相手もいないという状態でこのような大失態を演じることになる。

昨今ではゼネコンさんの現場所長などの知識不足など当たり前だが、それよりも深刻なのが現場で職人さんがいないこと。俺が関わった工事でものり面のモルタル吹付工などは日本人が皆無で、作業は元より、工事の指揮管理まで全てをベトナムからの技術実習生が担っていたこともあった。技術の伝承が日本人から外国人へと移り、その外国人も昨今の円安で日本から離れる事態が起こりつつあるのだ。そうなったらいったい誰が工事をやるのだろう？機械がやるにしても現場は全自動で最初から最後までとはいかない。機械がある程度できてもそのセッティングなどは人がやる。機械にはできないような細かな端部処理などがあれば結局はマンパワーだ。そのマンパワーのマンがいないのだ。

工事のお粗末な遅延。これは施行業社に限らない。発注者でもある。中日本高速道路会社発注の中央自動車道の多摩川橋。当初二年間と発表して工事を始めたのだが最初から二年間ではできないとわかっていたのに、二年間黙っていてもうそろそろ二年が経とうとしたその一ヶ月前に実は六年の期間が必要な工事を二年と言っておりましたという嘘の発表内容も酷いもの。ここまで酷いものは会社毎排除していただきたいものだ。

これなどは最初から国民を欺いている詐欺行為だ。この後もこの高速道路会社関連の呆れた実態が出るが酷いものである。

施工不良でお粗末というかお粗末すぎたのが和歌山県のこの事例だろう。建設中の八郎山トンネルでトンネルを覆うコンクリートの厚み不足が見つかった事件。トンネルを覆うコンクリートはたいがい三十センチの厚みで作るのだが、今回見つかった施工不良箇所ではなんと三センチしかなかったというもの。施工会社は県には三十センチ以上ありますよと報告していたのだが、報告書を作る時点で既に厚みがないことをわかっていての報告だった。

これなどは本当にお粗末な事件で驚くより呆れた。トンネルの覆工コンクリートは普通三十センチ。これまでもその厚みがなくて事件となったトンネルはたくさんある。それでも過去のものは二十五センチくらいあった。まぁこのくらいならという程度の施工不良だ。それがここでは三センチとなると話しは違う。三センチではほとんどコンクリートがないに等しい。

工事を少しでも分かっている人間なら、この施工不良は隠そうとするのはあまりにも無知すぎることなので驚きでしかない。なぜかというとトンネルは完成しましたで終わりではない。完成後、発注者が日常点検をする。その日常点検で施工不良が発覚しなくてもトンネルの場合は数年後にはコンクリートの裏の空洞調査をするケースがほとんどだ。今では超音波検査が容易にできる。これは現場をやっている人間ならば誰もが理解している。即ち、施工時の施工不良はいずれ嫌でも発覚するのだ。だから「普通」の神経を持った人間ならば施工不良が分かった時点で施工をやり直す。最もわずか三センチの厚さしかなかったら、普通は恐ろしくて隠すという判断にはまずならない。ちょっとした地震や交通から発生する揺れなどで割れてコンクリートが落下する可能性がやたらと高い。その場合運悪く車が下にいたら死亡事故だ。いずれ百パーセント分かる施工不良。隠すことを考える方が無理だ。だったら絶対に施工中にやり直すのが普通というか絶対だ。今回はそれもせずに完成させたのだから本当にまともではない。後々百パーセント分かる不良工事を是正せずに完成として終わらせた。もうここまで来ると施工業者が云々ではなくこの業界も限界だなと断定できてしまう事例となる。もちろん施工不良を誤魔化すなどとんでもないことなのだが、いずれ確実にそれも簡単にバレてしまう施工不良を残したままいられるという神経がどうかしている。

俺もトンネルの施工管理をしたことがあるが、そもそもこんなのはコンクリートを打設した当日のコンクリート工場の出荷量を調べたら直ぐに分かる。普通であればトンネル掘削などは厚み三十センチのコンクリート厚を確保するためにどうしても設計数値より余分に掘る。厚さ三十センチをクリアするために実際の掘削は平均的に四十センチくらいにはなる。だからコンクリートの打設量も設計の数量の一・二倍とか一・三倍くらい余分に打設することが普通。ところによっては掘りすぎてコンクリートが設計の一・五倍の量を入れたなんて場合もままある。掘削の精度が悪かったら二倍のコンクリートを打設なんてこともあるくらいだ。おそらくこの施工不良だと出荷したコンクリート工場の生のデータを見ると、設計数量よりだいぶ少ないことは想像できる。発注者は少なくともこの数量の生データくらいは日々確認できる体制でないといけない。だからこれは施工業者だけの問題ではない。施工管理にお金をかけられない発注者側の責任でもある。これが現実の土木業界の今なのである。国が今やることは自らがこの国の実力を知るということだ。恐ろしい構造物が全国津々浦々で毎年完成していることを。

俺も長いことこの業界で仕事をしていると目を疑うような工事にたまに出会う。俺が発注者支援業務に移ってから間もなくのことだったが、高速道路会社の工事でガードレール設置をしたのだが、この時は酷いものだった。発注者である高速道路会社の課長が現場を点検に行く施工管理員の俺に声をかけてきたので聞くと、

「一歩さん、この業者は毎度酷いのでガードレールのボルトがしっかり締まっているか、す

みませんが全数確認願いたいのですが……」

「エッ！　まさか！」

で……現場に行くと、

「ホンマや！」……

百本ほど確認するだけ十本くらいの締め忘れがあるという始末。場所によっては十五本の締め忘れがあった。酷いのにも程度というものがあるはずであるが、ここまで酷いと呆れる。現場で酷いのは単に締め忘れがあるだけではない。ガードレールのボルトや標識関係の柱などでボルトを使って固定する場合にはボルトを締め終えたら「合いマーク」をつけてボルト・ナットがゆるんでいないことを確認する。ボルト・ナット・座金・プレートまで上部から下部まで一直線にマーカー用のマジックを使って線を描きマーキングを残す。これは施工後数年して確認した時に、そのマークした線がずれていればそのボルトがゆるんだと確認できるためのもの。この時の施工業者が最悪だったのは、締めたことを確認もしていないのに合いマークを全てに付けていたことだ。これは何を意味するかというと、現場ではガードレールのボルトを締め付けるという最大の目標が失われて「合いマークを付ける」ということが工事の最終目標となっている点にある。要するに「合いマークを付ける」ことで、締め付けができていなくとも仕事は完了していますよ、と検査のためのアピールだけするということ。「日本人のあるある」なのであるが検査で、体裁だけ整っていれば大丈夫というやつ。既に現場は良いものを作ろうという職人気質のある人は見かけなくなった昨今。誰もが検査に通りさえすればいいのである。受け取り側の発注者の工事担当者も検査で色々言われなければ文句など言わない。

俺もこの時は目を疑ったが、実際にこれほどまでに現場の質が低下しているというのは、おそろしいことにすべてが事実。ボルトが締まっていないという事象は、ここ以外にもそれ以降に俺が携わった現場でも多々あった。それを見るたびに思うことは、施工業者の施工の良否を確認する俺のような土木施工管理員なんて仕事は長くやるものではないということ。

施工側から逃れて発注者側へと来たのだが、この業界どちらも、

「正気と狂気が逆転した世界」

質の落ちた施工業者の仕事の良否など恐ろしくて責任などもてやしない。全ての不正を見抜くなど不可能。現場で朝から晩まで張り付いて見ているのならまだしも数千本にも及ぶボルトなどの確認などできるはずもない。ある程度は施工業者を信用するよりないのだが、検査も施工業者が検査範囲だけ体裁を整えて「作られた検査」であった場合は無意味に近い。

それに加えて同僚の施工管理員すら信用に値しない。同僚の施工管理員が現場にある構造物の基礎コンクリート寸法を確認して、次にその構造物が完成して俺が最終の寸法を確認に

行ったのであるが、俺が記憶していた図面の形と目の前の構造物とで考えると何か違和感があった。基礎までは前回測定して他の施工管理員が確認済みだからというので、俺はその上の構造物だけを測定する予定だったが、施工業者との測定をキャンセルして自分で図面を見ながらチェックした。検査済みの下の基礎部分から全部を。案の定である。基礎からの全高が不足していた。施工業者を問い詰めるとあっさりと間違いを認めた。作ったものが間違っていることを彼らは知っていた。基礎の検査時に施工業者は何かしらの細工をして施工管理員を騙したのだ。そして若い施工管理員はまんまと彼らにうまく騙されたのだ。おそらくは全国的にこんなことはたくさんあるはずだ。その時は構造物全部を取り壊してやり直しとなった。悪いことにこの時はこれと同様に作った同じ構造物が他にも二基あり、それらは既に施工済みだった。合計三基の解体と作り直しが発生した。施工業者の恨めしい言葉が今でも耳に残っている。「一歩さんが検査に来なかったらなおさなくて済んだのに」。

ゼネコンさんから都市造成工事の現場で自社の現場監督の手伝いをしてくれないかという依頼を受けたことがあったが、これも酷かった。まず設計図を見ながら現場を回ってみた。すると案の定というか当然の如くに図面の通りできそうにない箇所が散見された。俺はそれを報告書にまとめゼネコンの所長に説明した。ここで俺が驚いたのは、俺の説明に感心するばかりで、本人も俺と同じ現場を見て回っているのに全くそれまで問題を放置していたことだ。この後慌てて所長が発注者のところに行って設計の見直しをお願いするのだが、そこまでの過程が遅すぎたため全体工程の見直しをする羽目になった。その現場では悪いことに既に造成工事を開始していて、俺が見た時点では工事の取り掛かる順序が最悪だった。何が最悪だったかであるが、A地区、B地区、C地区、D地区とあるのだが、C地区を最初に造成してしまうと、C地区により分断されたA地区は、大雨が降ったら浸水してしまうのである。全体図面を見て全体の高低差を見ればそんなことは単純にわかるはずのことなのに、現場ではA地区の水の吐口を確保せずにC地区の造成を開始してしまっていた。俺はこれはダメだよと指摘したが、数日後、悪いことに台風がきてA地区が水没した。

俺はどうにもならない施工会社を少しは世間並みな会社へと変えたことがあった。高速道路会社には小会社がいくつかあるが、その内の一つに高速道路のメンテナンスをする会社がある。俺はそこに派遣会社を通じて派遣された。ちょうど新設の高速道路工事の契約を終えた時で新たな経験をするには良い案件だと思って仕事を受けた。

高速道路の事故処理や小さな道路の補修や定期的な草刈りなどを主体業務とする施工会社である。いわば高速道路の便利屋だ。赴任後にそこで見た施工の様は酷いものだった。赴任して間もないころに現場に立ち会い検査に行ったが、なんと下請けの若い作業員がヘルメットすら着用していない。これには本当に呆れてしまった。いくら悪い地元の中小の土建屋の作業員でもヘルメットくらいは着用しているものだ。流石に俺はこれには腹を立てて、

「すぐにヘルメットつけろ！」

と言った。しかし、驚いたことに彼はヘルメット自体持ってもいなかった。車の中に置いてあるのでもなく、純粋に会社から与えられたヘルメットを会社に置いたまま持ってきていないのである。聞くと彼はずっとそのスタイルで仕事をそれまでしていたという。呆れ果てて言葉もなかった。当然の処置であるがその日は現場から追放した。ここで高速道路会社の子会社の現場担当に聞くと、彼は「ずっとそうでした」とあっさりそれを認めた。オイオイオイ……それで通るのか？　だったら今回俺が怒った原因を作ったのはお前だろ。施工会社の社員が下請けを指導できなくてどうする？

慌てて事務所に帰ってここの社員の経歴を高速道路会社の課長に聞いてみた。するとなるほどという答えが帰ってきた。それぞれに前職がラーメン屋だったり、電気屋だったりで土木工事に関わりがない全くの素人なのである。だから彼らに現場のことを尋ねても何もわかっていない。恐ろしいことにその当時高速道路の舗装の構成すらも知らなかった。

前職がなんでも良いが問題は入社後に教育がされていないことだった。俺は大変な会社に来てしまったと思った。こんな会社であるから他にも普通に悪いことだらけ。ある日の夕方、

作業員が現場から帰ってきてコソコソと何やら話している。どうやら現場で誰かがケガをしたらしいのだが、事務所にはそんな連絡は入っていなかった。聞くとどうやら昼前後のことらしい。けっこう大怪我で補修用のアスファルトを溶かしたものを手にかけて大やけどをしたようだ。

このケースは最悪で報告をしないということは「労災隠し」をするという表れである。ヤレヤレである。労災隠しが発覚したら会社がその責めを負う。何よりも作業員本人が労災認定を受けず自己責任で治療となる。そうなると後遺症などが出た場合は最悪だ。その後ヒアリングすると、どうやらそれまでもけがをした場合には報告もせずにやり過ごしていたようである。その結果が事務所前に掲げられている安全看板にある「無事故・無災害○○時間達成」というなんとも虚しくなる虚偽の数字である。これも「日本人あるある」である。目標の達成が至上命令となりそのためにはこのような労災隠しでも何でもする。労災かくしは犯罪なのだ。職場での怪我などは労災として報告処理しないと被災者に犠牲を強いることとなる。わかっていてもこれが意外となくならない。「日本人のあるある」で「会社に迷惑がかかるから」と被災者が自ら労災隠しをしてくれというケースや、社内で当然のように小さなものは労災隠しをして当たり前となっている会社があるのも実情だ。ケースは色々あるがどれもこれも「日本人のあるある」労災隠しが絶えない。

たいがいはこのような大怪我という事態であっても、みんなが「見て見ぬふり」である。社員がそれであるから、俺のように派遣会社からの雇われの身では黙って見ぬふりをするのが常であろうか。しかし、そこをそうしないのがこの俺であるから困ったものである。この時は完全に俺は怒っていた。怒りが頂点に達していたのかもしれない。一連のことがあってから俺は事務所で社員全員に、

「**何をやっているんだ！**」

である。俺が怒るのも当たり前だ。俺はそれまで高速道路会社の建設工事で、工事事務所にいた。その時など高速道路会社の社員をはじめ安全管理だけのために、現場巡回をする業務を請けた建設コンサルタント会社の巡視員たちに、これでもかというくらい重箱の隅を楊枝でほじくるくらいに厳しく現場の取り締まりを受けた身である。そして俺が派遣された子会社はその高速道路会社からの出向者とＯＢで人事をかためている会社で、ほとんど高速道路会社本体と変わりない会社で、ＯＢは現役当時は現場で同様な安全管理をゼネコンにしていたはずであるし、現役の出向社員などは出向を終えて他の事務所に移動となればゼネコンに対してそういった指導をする立場にある。そんな連中が自分が子会社の施工会社へと出向したらまるでそんな安全管理など忘れたかのように「見て見ぬふり」となる。それを歴代の出向者は黙って見過ごしていたのだ。

俺は「見て見ぬふり」の日本文化には参加していない。俺は彼らに、

「来週からその日に作業がある全部の施工会社を集めて朝礼をさせろ！」

と怒鳴りつけた。それまでは朝の安全朝礼すらしていなかった。まずは形からである。そしたらその一言に全員が反発だ。

「朝礼など全国どこの事務所でもやっていない」

「そんな朝の時間に誰も集まらない」

「意味がない」

延々とやらないとかできない理屈だけを聞かされた。彼らのやる気のないのは十分最初からわかっていたことなので俺は、

「集まった人だけでいいから、俺がやるからみなさんは参加せんでもけっこう」

結局は渋々と所長が歩み寄って、

「試しにやってみますか」

となった。するとどうだろう、朝礼の初日に八十名以上の作業員が広場に集合するではないか。はっきりいって俺は、出向してその朝礼があるまで、まさかこれだけの規模の人数を日々扱っているとは思いもよらなかったものだから驚いた。最盛期には楽に一日百人を超える作業員が集まるのだから二度ビックリである。おそらくはこれだけの作業員を抱える土木

工事の現場というのは、その県の全部の土木工事を探ってみてもいくつもないはずの規模である。それだけの規模であるにもかかわらず、やっていて当たり前の安全朝礼をそれまでやってこなかったのだから恐れ入る。

驚きはここで終わらず、安全朝礼をすることで社員たちは作業員を前に自分たちが自ら考えて作業員たちにその日の安全のポイントなどを言わなければいけない立場となった。するとどうだろう、自然と安全について自分自身で勉強をしだしたのである。この時思ったのは「なるほど形から入るのも大切だ」である。もちろんケースバイケースではあろうが、この場合は「環境は人を変える」「立場は人を作る」だった。そして、そして、

「山が動いた」

この朝の朝礼が結局は全国へと広がった。「全国どこでもやっていない」が「全国どこでもやっている」に変わった。

こうなると今更安全朝礼なしで一日を始めることが難しい。意外と組織を変えるのは簡単だ。誰もそれをやろうとはしないのだが。

その後の俺は悲惨。派遣会社からは発注者に暴言を吐いたとか、脅し上げただのと言われて契約は今後しないと。「日本人のあるある」であるが、仕事をもらっているところとのトラブルはそれが何であってもダメなのだ。それ以降俺は高速道路会社と取引がある派遣会社

との付き合いがなくなった。

俺がやったことは悪いことでもない。やり方は最悪だが。派遣会社が言ったように「脅し上げた」それは間違いない。俺のやり方はいつもプーチンや習近平やトランプだ。それでも実績はそこそこだと俺は思う。ヘルメットも被らない現場に喝を入れた。本社の社長や部長からも指示されていない安全朝礼を全国で最初に取り入れた。社員に安全教育をした。最終的に全国的に安全朝礼を根付かせた。毎日万という単位で作業員が働く全国規模の大会社なのだ。これなどはその会社にしてみたら長期的に見ても数億円規模の価値があることだ。それでも派遣会社からは追い出されるのだ。

一番喜んだのはその事務所の大元である本社だ。今まで全く現場任せで社員教育もしてこなかった。そんな事務所にいきなり派遣会社から派遣された変なおじさんが社員教育をしてくれたばかりか、安全朝礼まで根付かせたのだ。こんな美味しい話などそうそうあるものではない。それとは裏腹に俺は派遣会社から社員とやりあったことを咎められてその後の契約を断られた。彼らは少しはまともな会社になったから良いのだろうが俺にとってはデメリットだらけの行動となった。何事も「見て見ぬふり」これが無難な世の中なのだと身をもって体験できた。まぁそれに懲りずにこの先もやり合うのだが……俺は暴れるだけ暴れて事務所を後にした。俺がやったことはその会社にとってみれば数億円規模の価値があったことだと推測する。その俺への報酬が派遣会社からの追放だった。誠にありがとうございました。

それから数年後に俺はこの会社の他の事務所へと突然派遣された。数ヶ月間の海外旅行を終えて帰国したばかりの時で、建設コンサルタント会社の知り合いから「一歩さん、今日本にいるの？」と電話があり、いることを伝えると「明日から○○へ行ってくれない？」と言われ出向くことになった。その理由は酷いもので、施工管理員の派遣を請け負った建設コンサルタント会社が下請けの派遣会社に依頼してその事務所に赴任させたのであるが、赴任してわずか二日で「言われた内容と業務が違う」とのことで出社拒否。それでやむなく俺に建設コンサルタント会社の営業が電話をしてきたというもの。急遽飛んで行った俺が最初に行った業務は言わずともわかろう？　そうなのである「朝の安全朝礼」。

さて、工事の質の低下を嘆くばかりではいけない。これの有効的な方法は施工会社を信用するのではなく、各現場の技術担当者である施工会社の監理技術者を信用する方向へとシフトするのが現実的だ。会社ではなく個人へのシフトである。俺も多くのゼネコンさんを見てきたが、大手といってもたいしたことはない。もちろん大きな会社ほど大きな大型物件を扱うので、大規模工事の経験値は高いかもしれないが、大規模工事など分業制が多いから、全体をみる目がなかなか養われない。その点小さな田舎の土建屋の監督さんの方が常に全体を見て工事を進めることから、総合的な技術を持っている人がけっこういるものだ。今後は企業ではなく実際に現場を担当する人間の質を見て、その人間にポイントを与えていくべきだ。俺の経験からすると、実際に安心して現場を任せられるのは受注者の企業名ではなく、担当者が誰であるのかだ。俺が発注者なら受注金額がいくらか高くても、担当の監理技術者の良し悪しで受注者を決めたいくらいだ。

派遣会社から追い出された俺は、時期的にブータン王国の以前から是非とも行きたかった「スノーマントレック」のちょうど良いシーズンだったので、一人でブータンに向かい、現地でガイドと料理人と馬方と馬十頭を雇って、三週間で約二百八十キロの道のりへと旅立った。この旅も一人で行くと楽に百万円以上だ。今の円レートだと二百万円は必要だ。だから俺は稼ぐのだ。標高五千メートルを超える峠越えがいくつもある世界最難関のトレイル。昔からここの高山植物を観察に訪れたいと思っていたが、ついに念願が叶った。中でも「セイタカダイオウ」に憧れていたので、それに出会った時の感動は今でもよく覚えている。この感動のために嫌な職場でオールアウェイの中で我慢して仕事をしてきたのだから。この業界ではあまり良い思い出はないが、賃金だけは良かったので自分の目標を達成するためにはそういった職業選択も仕方なかったと思う。もちろん毎日が楽しい職場で働けるのがベストには違いない。しかしそんな環境はなかなか探せないなら、こういった生き方も選択に値する。

何かを得るために何かを犠牲にする。まぁそれもありなのだろう。

「日本人のあるある」であるが、俺は若い人に「やりたいことをやれ」とよく言う。それに対しての答えはネガティブなものが多い。趣味がない。やりたいことがない。これが「日本人のあるある」で怖いところだ。実際には掘り起こせば誰しも何かどうか持っている。しかしそれをどこかでセーブしてしまう。「俺にはできない」「お金がない」「暇がない」「才能がない」「家族がある」「家族が許してくれない」「めんどくさい」「俺は実際にやろうとは思っていない」そう言ってできない理由ばかりを自分から発信する。これが心底根付いてしまう。これが怖い。俺なんかは興味が向いたものはそれをどうやったらできるかしか考えない。元々の思考が違う。

前述のスノーマントレックも「危ない」とか「お金が」とか「仕事が」とか、ガイドは英語ガイドで俺は英語ができないけど大丈夫だろうかなどネガティブな気持ちは一切浮かばなかった。根本的に俺は登山家でもなかったから、それだけ過酷なトレイルを歩き切れるのかさえわからなかったし、ろくに調べもしなかった。まず行くことだけを考えてスケジュールを立てた。あとは「エイヤー」だ。俺は何かをやる時にネガティブなことから言う奴とは話しをしない。時間の無駄。なんでもできるというところから全てをスタートしたい。死んだって良いじゃないか。誰しもいつかは死ぬのだ。日本人と対話するとまず出てくるのはネガティブな話ばかりで気持ちが萎える。

俺は自慢じゃないが英語は話せない。それでも俺は海外の現地ツアーで英語ガイドと参加者全てが英語圏の人で日本語が通じない人ばかりのツアーばかりに参加している。「英語ができない」を言い訳にするという感覚だけは俺は持ち合わせていない。とにかく行く。そして何とかする。そしていつも旅はハッピーだ。世界中の人が俺を助けてくれる。

海外は危ない？？？　それは誤解だ。毎日精神疾患で多くの人命が失われる日本こそが危ない。日本は日本というその場で暮らすだけでストレスを抱え自らの命を絶つ。そんな社会こそが恐ろしい。日本社会は無言で人を殺す。そんな恐ろしい武器を持った社会なのだ。日本で暮らせたら大概の世界の国は余裕で大丈夫だ。俺は今までそうだった。危険値はただそこにいるというだけでストレスを加えるという恐ろしい武器を持つ日本がトップだ。やりたいこともせずに仕事・仕事・仕事よりも死んでも良いからやりたいことをやってあの世に行きたい。

俺は違法解雇された

カナディアンロッキー、コーリー・パス・ループ・トレイルヘッド。

施工業者側で仕事をしていた時はあまりなかったが、発注者側で仕事をしだすと闘いは神経戦となった。いよいよ日本人社会というか俺の一番嫌いな日本人の訳もわからない醜い精神社会とのバトルが本格的に始まった。

ある区画整理事業に工事の施工管理員として行ったのだが、今ではこんなことを言っても信じてはもらえないのだが、二〇一二年だったか？　その当時でも既に受動喫煙については規制がされつつあったかとは思うが、区画整理事務所はヘビースモーカーの巣で、タバコがダメな俺は会議に出ることすら躊躇した。そんな中で不動産会社に雇われていたヘビースモーカーに週末こんなことを言われる。

「一歩さん、来週からここ来なくていいから」

エッ？　なんだ?と思って聞いてみると、その区画整理組合に出向している大手不動産会社雇用のヘビースモーカーさんが、

「一歩さん、タバコダメなんでしょ。だったら無理だよ」

その区画整理組合で働くにはタバコがダメだと務まらないと告げられる。俺のように、

「会議のタバコの煙はなんとかならないのか？」

なんていう人間は務まらないのだそうだ。こうして俺はその事務所から追い出された。

俺が驚いたのは自分がタバコを吸いたいがために反対する人を職場から追い出すってこと。日本の社会ではこれが可能だとわかって驚いた。ここでまた俺はこれまで以上に日本と日本人社会が大嫌いになった。永久に日本人の職場での精神文化をわかることはないだろう。こいつら「人間のクズだ」と何度も思った。俺にとって職場での日本人は「人間のクズ」でしかなかった。奴らは人間の姿をしたクズだ。この後、この土木業界のクズ野郎たちとの本格的な闘いが始まった。

俺はその区画整理組合の事務所へは建設コンサルタント会社を通して入っていたのだが、不動産会社の人に「この人外して」と言われると建設コンサルタント会社の人は「はい直ぐに」としか返せないらしい。俺は訳もわからないままにその事務所をクビになった。言われた翌週から事務所には行かなかった。即日解雇だ。

俺の場合はここで痛烈なしっぺ返しをする。当たり前だ、談合屋として、施工会社の営業部長として幾多のその筋の人たちとずっと付き合ってきた俺が、こんな素人さんにやられっぱなしはない。しっかりとやり返した。それも相手の一番嫌がることをして。俺は誰にでもきちんと報復をする。俺の考え方はプーチン、習近平、トランプと同じだ。「報復」やられたらやられた以上にやり返せ。これはそれまで付き合ってきた人たちから学んだ。「舐めんじゃねぇ！」元々裏の世界ばかりを見てきた人間にこんなことをしてタダで済むと思ってんじゃねぇよ。

「このガキども何考えてんだ？」

「舐めるなよ」

結局はそいつらに鉄拳を食らわしてやった。鉄拳と言っても本当に手で殴るのではなく、そいつらに一番効果的な精神的ダメージを与えることが一番の鉄拳だ。若い頃は手が出た。人を殴るとかはそれほど苦になるものでもなかったが、一時期親によって宗教団体へ送られたことで、社会ではそれが悪いことであることを学んだ。そして談合組織ではこれからはインテリヤクザの時代だと悟った。そこで考えたのが奴らの仕事を奪ってやれ！である。俺の仕事を奪ったのだから奴らの仕事を奪うことはいかにも理に適ったことである。

区画整理組合で不動産会社が幅を利かせているとはいえ、オーナーは組合理事を含めた地権者である。そこで俺は小説家という自分の武器も使った。組合の全理事に宛てて著書と手紙を送りつけた。手紙の内容は受動喫煙についての規制の動きを記した厚生労働省などの公的文書と、タバコが吸えずに組合事務所から追い出されたという事実。理事の中には内科医もいて受動喫煙については充分理解していた。多くの人にその害について自らが指導までも

している。だから理事達に俺が辞めさせられた原因を突きつけると効果絶大となるだろうと予想した。加えて手紙には、

「その組合で行われている『違法解雇』については如何お考えでしょうか？」

である。これも「日本人のあるある」であるが、「違法」とか書くと相手は「訴えられるのでは？」と疑心暗鬼になるものである。日本人にはこれがけっこう効く。日本では訴えられて被告となることは誰もが最高に嫌がる事態だ。ましてやそこはこれから事業として土地を売っていかなければいけない組合なのだ。是が非でも悪い噂だけは避けたいものだ。普通の人ならば本まで出版している人から、自分の組合で不当解雇があったと訴えられることも嫌なものであろうが、その不当解雇の内容が、

「事務所のタバコの煙なんとかなんないの？」

と口にしただけで解雇となったというのだから、呆れてしまったのではないか？　こんな事実を突然突きつけられてさぞかし驚いたはずだ。理事達がその組合の当の最高責任者であることを考えると、この不動産会社関係者の行為はとても受け入れ難いものだっただろう。普通に考えて、自分達が雇っている人たちがこんなことをするとはまず思ってはいないはずだ。だからこそ、その反動から怒りも莫大だったのだろう。まぁそうなることを最初から狙っての俺の嫌がらせではあったのだが。

「愉快犯」の気持ちがよくわかった。やられる側からやる側に移ると実に愉快だ。

これからは暴力ではなく、精神的に相手を追い詰めることが喧嘩のやり方なのかもしれない。暴力を使わずとも、日本人が得意とする精神的に相手を追い詰め死に至らせる方法。俺は発注者側の仕事に就いてからそのことを多く学ぶこととなった。

その後はみなさんの考える通りの展開となる。理事達が激怒した……らしい……らしいというのは、その後俺自身は退職して全く違う現場で働き出しており、実際にそれを見ていたわけではないからだ。知り合いからの情報でしかないが、その内容は俺が思った通りだったから「報復完了」としてあとはどうでも良かったので、そのことを俺自身は記憶から外した。

その事務所にまだ残っていた俺の知り合いの話しだと、その激怒した理事達が、

「不動産会社のトップを呼んでこい」

「建設コンサルタント会社のトップを呼んでこい」

と当然の結果になったらしい。その内幕を知る人から俺に、

「大騒ぎになっているよ」

と連絡が入ったりもした。また他の人からは、

「一歩を誰か連れて来い」

って怒鳴っていた人もいたらしいですよとも聞いた。でも、実際には関係者の誰からも俺

宛に電話の一本もなかった。当然だ、俺の怒りの頂点となった組合への手紙を全員が読んでいるのである。誰もがそれを読めば、相手は怖い人だとくらいは充分に理解できたはずだ。日本人がそのような人間に電話して文句など無理。それが日本人だ。そしてその通り誰も俺に電話一本、手紙一つしなかった。それと同時に俺への謝罪も全くなかった。元々奴らは外道なのだ。人に謝罪するなどという観念は初めからないのだろう。

ここまできたら追い込まれたのは不動産会社と建設コンサルタント会社である。いくら怒鳴ってみたところで、俺から正論を言われたら返す言葉もないのが奴らなのだ。下手に俺に電話でもして逆に俺から電話越しに怒鳴り返されたら、電話をした担当は上司に対して報告もできたものではないはずだ。俺はこうするとこうなることは最初から計算ずくでやっているのだから、いくら大勢で大騒ぎしようが知らぬ顔で次の就職先で何食わぬ顔をして仕事をしていた。「ザマァみろ」である。当然組合から不動産会社も建設コンサルタント会社も契約解除まで言われたようで、それについても知り合いから、

「一歩さんに損害賠償を求めるような話も出たらしいですよ」

と言われたが、そんなの絶対にある訳ないと思っていたからそれも放っておいた。裁判にでもなって不動産会社と建設コンサルタント会社が、

「単に嫌煙者がヘビースモーカーが集まる煙だらけの会議に出るのが辛いと言っただけで解

雇しました。そしたら解雇した者から組合に訴えられてコンサルタント契約を解除となった」

その解除となった補償を俺に求める？　こんなことをしたら訴えた不動産会社と建設コンサルタント会社が社会から抹殺される。こんな内容の裁判を自ら望んでするわけがない。逆に俺から訴えられる可能性の方が高い。当然俺の予想通り裁判にもなりはしなかった。

怒られないと止めないのが日本人。

俺は大震災が起きた時にその三月末で急遽仕事を辞めた。そして震災ボランティアへと向かった。ボランティアは地元の社会福祉協議会が確保した住宅街にある公園でテント泊をしてボランティア活動を行なった。俺はその公園に行った初日の晩に、怒り心頭で他のボランティアの連中を怒鳴りつけた。何故か？　連中は夜の十時過ぎても仲間内で楽しいキャンプのつもりでワイワイガヤガヤだ。その場は住宅街にある公園だということがわかっているのに。大震災を受けた地元の人達は精神的にもダメージを受けている。そんな中で夜中まで公園でワイワイガヤガヤやられたのでは、たまったものではないはずだ。その場所を確保してくれた社会福祉協議会の人達の苦労も台無しだ。そんなこともわからないのかと情けなくなった。だから俺は俺より数日間前から来ている奴ら全員に向かって「お前らみたいなのはボランティアじゃない。明日にでも荷物まとめて引き上げろ」と怒鳴り付けた。俺からしたら当たり前のことだ。その後どうなったか？　翌朝俺が起きてテントから出た瞬間に公園のあちこちから俺の周りに人が集まってきて「どうもすみませんでした。今後はこのようなことがないようにルールを決めて……云々……」だった。これも情けない話であるが、こんなことはルールを決めずとも本来は各自の道徳心の範囲内で周囲に迷惑をかけないことができないとダメなはずだ。それがいちいちルールを決めないといけないというのは情けない。「日本人のあるある」で、周囲の人の顔色をうかがって怒られなければ大丈夫だと安心して何でもする。これが情けない。

俺はこの業界では数回、建設コンサルタントへ人材を提供する建設の派遣会社に騙されている。来月から仕事があるから他の仕事は入れずに待機願います、と言われてその後連絡が途絶えたり電話で一言「仕事取れなかったからすみません」で終えられたりである。こんな時に周囲からは「書面で契約書を取ってなかったお前が悪い」と、俺が悪かったことにされる。はっきり言って日本人はこと仕事に関しては人の皮を被った悪魔のようなものだ。俺からしたら「人間のクズ」。どこまでも俺はこの社会に馴染めない。その後俺は派遣会社と縁を切り契約は建設コンサルタント会社と直にすることに決めた。

ここで俺とタバコについてであるが、俺は二十歳になってタバコを止めた。これが良い決断だったのか確たるものはないが、幸いにも海外の山旅で何度か五千メートルを超える山に出歩いているが、肺に関するトラブルは今まで起きていない。高山病の症状も若干は出たことはあるが、比較的人よりは環境に慣れるのが今までは早い方だったかと思う。ブータンのスノーマントレックに挑んだ時もブータンに到着してすぐにトレッキングを開始して、いきなり三千、四千、五千と標高を上げても高山病の兆候は見られなかった。世界には一般的な観光でも高山病の危険性が高いところが多くある。俺が南米一周した際のオーバーランドトラックツアーではペルーのビーチで遊んだ翌日三千メートルのトレッキング拠点に行き、その翌日標高五千メートルの氷河の観光に行った。高所順応も何もない。欧米人の企画するツアーなどはこんなペースで進む観光旅行が普通にある。だから呼吸器関係のトラブルを抱えていたら勝負にならない。

海外の山旅で多くの人が高山病で苦しんでいたり目の前で亡くなったりするのを見てきた。少しはこの禁煙をしたことが自分の人生のその後に好結果を与えたような気がする。そんなこともあり俺にとって事務所の受動喫煙などはとんでもなかった。その事務所で働くことで自分の旅行人生が終わる可能性すらある。高山へと向かうのであれば、肺はいつまでもクリーンにしておかなければならないのだから。それゆえの俺から事務所側への苦情であったのだが、まさかそれが発端で解雇されるとは思いもよらなかった。日本人の精神文化恐るべし。その時に海外の友達に俺が受動喫煙の不満を職場で言ったら解雇されたと伝えると、友達はメールで「日本で働くのは遠慮するよ」と一言で切って捨てられた。日本社会、日本人、職場での上下関係、会社風土と日本の様々なものに絶縁したくなったのがこの頃だったかもしれない。

俺の違法残業は二百時間超

カナディアンロッキー、センティネル・パス。

発注者支援業務を俺は主体業務とするようになった。発注者支援業務とは文字通り発注者である機関の社員の補助業務を行うものである。早く言えば発注者の事務所で発注者の社員の下で一緒に仕事をするというものだ。

俺は新しい高速道路を作るため、その発注者の事務所に詰めて朝から真夜中？　時には朝方まで工事の発注のための工事金額の積算業務や発注図面の照査などをしていた。アパートに帰ったのが朝の五時で、四時間後には事務所で始業のベルを聞いていたなんてことが普通にあった。発注者の社員も我々建設コンサルの人間もそれが普通だとして仕事をしていた。これが正しく「日本文化のドツボにハマる」というやつである。「滅私奉公」を何故か美徳としてしまう。これは社内で俗にいう「優秀」な人間ほど陥りやすい。優秀な人間がより優秀に見せるには人より仕事をしなければいけない。その先にあるのは「日本文化のドツボにハマる」ことである。これでどれだけの優秀な人間が会社からなくなって言ったことか。会社からなくなるだけならまだしも、世の中から亡くなる者まで出てくるから困ったものである。それでもこんな違法残業は「見て見ぬふり」で見逃されるし、誰もそれが普通だとしてしまうから恐ろしい。おそらくそれを普通だと思っていなかったのは俺だけだったのか、みんな文句一つなく新たな高速道路開業に向けて寝ずに働いていた。

そもそも俺はこれら「普通の日本人」とは全く違う。第一にいえることは、俺は仕事が大嫌い。残業などただの一秒もしたくはない。俺の場合は例えば仕事で出勤と退勤時にタイムカードを押すことすら、タイムカードを押すという行為自体が労働だから、出勤が八時なら八時に押して、退勤が十七時なら十六時五十九分に押して帰れば良いとすら思っている人間だ。それを元請さんに話したら「すみませんが、八時前と十七時過ぎに押してください」と言われてしまったが。だからか？　俺だけはこの違法残業を違法残業とはせずに、契約の建設コンサルタント会社へ請求していた。建設コンサルタント会社の部長が言うには「そんな請求したのはお前だけ」なのだそうだ。まさかとは思ったがそれは事実だった。同じ事務所で働いている誰も、この違法残業分であるサービス残業代のお金を請求することなく仕事をしているのだと言っていた。俺が雇われていた建設コンサルタント会社の若手などは最悪で、若いうちに部下もいない管理職にさせられて残業代を請求できない立場に勝手にさせられる。以前高速道路開業に向けて残業に明け暮れた俺が、請求した残業代金は月に二百時間。残業代金として金額月額百万円と書いて請求した。請求して当たり前である。当たり前であるのだが、俺以外の誰もがそれをしない。俺からしたら「日本文化恐るべし」である。日本には仕事を与えてくれるところには一切逆らわないという文化すらもある。俺は一度その社員と一緒に社員の労働時間と給料から時給を計算してみたのだが、時給千円にもならなかった。彼は俺に「マックでバイトの方が良いですね」と言った。

俺はこれまで何度か新設高速道路開業に向けて残業・残業・残業のオンパレードとなった事務所で働いた。俺の目的は短期間で金を稼いで旅行に行くためであったから、それらの仕事は俺にとって理想だった。多い時は月に二百時間程度の残業をひたすらこなした。残業が百時間で過労死ラインと言われるが、その当時の俺からしたら百時間は定時扱いだった。高速道路はその倍でも誰も文句一つ言わずに政治家のために滅私奉公だ。この国から政治家がなくなればありがたい。それが一番の過労死防止対策かもしれないから。

俺は数ヶ月間そこで働いた。もちろんその後も他の人たちは高速道路開業に向けて一生懸命そこで働いていた。俺の場合は他の人たちとは事情が少し違って土木技術者という肩書きの他にアマチュアの旅行家という顔を持っていた。そのため、その当時行きたかった南米一周と南極旅行へと旅立つために仕事を一旦辞めたのである。

俺の場合は仕事↓旅行↓仕事↓旅行と、仕事でお金を貯めたらそのお金がなくなるまで遊んでまた仕事を再開するというライフサイクルで生きてきた。仕事嫌いな俺でも過酷な環境の仕事であっても「あと○○日で旅行に行ける」と思えばこそ、仕事もできていた。スマホに旅行の出発日までをカウントダウンするアプリを入れて、毎日それを見て気を紛らわしていた。多分それがなかったら心も身体もズタズタだっただろう。

そもそも仕事って何のため？　日本人は知らないだろうが、仕事はこうやって自己実現のための一つの手段としてあると俺は思う。芸術・音楽・伝統工芸などに関わる人たちとサラリーマンとでは違うのだ。仕事はあくまでも目的のためのお金を得る場。俺はずっとそう考えてきた。だから俺の場合は違法残業でも何でも、短期間でお金を稼げるのであればそれに越したことはない。身体が続くのであれば大丈夫。でもそれで仕事のために人間を失っては意味がない。そして人間を失わないためには人生の目標があればこそなのである。その目標があればこそ理不尽なことも受け入れられる。そして重大なことは「いつまでもその理不尽な時間が続かない」こと。自分が我慢できる範囲であればその理不尽も乗り越えられる。それが俺の経験だ。これはおそらくスポーツ選手にも言えることではないのだろうか。オリンピックまで頑張ればと考えるからこそ、無理だと思えるような練習量も消化していける。人間の大切なことは苦しいことをするならまずそのゴール、到達点と期間を決めることなのだと思う。そしてそこに到達したのならあとはしばらく長期間の休養を取って次の到着点を新たに見つけ、それに向かって突き進む。こうすることで短い人生をより有効に使えるような気がする。実際俺はそうして生きて来た。

しかし多くの会社はその限界以上を社員に求める。その結果が過労死や精神疾患となってしまう。出口のない「闇」に気が付かずやっているうちは良い。だけれどそれに気が付いた時、目の前にあるのは「闇」。いつまでも続く際限のない「闇」。ガンバレ？　俺は頑張っている。もう頑張ってなどと言わないでくれ。そうなった時が一番怖い。そんな人たちを俺はこの業界で多く見てきた。各事務所にノイローゼで休職している人を多く見てきた。

旅行までのカウントダウンアプリの残数値もゼロとなり、旅行の準備が全て整ったら予定通り俺はこの事務所をパッと辞めた。これは自分の人生設計に組み込まれていた通りのことだったから気分良く辞めることができた。その時点では二百時間の残業も全ての嫌なことも全て忘れることができた。生きて旅行に行けたら全てはチャラだ。

俺は高速道路開業前のドタバタを何回か経験したが、そのうちの一回は開業式典を終えると早々に東アフリカ縦断旅行へと旅立った。エチオピアから南アフリカまでとマダガスカルを含めた十カ国を三ヶ月間陸路で走るオーバーランドトラックツアーでの旅だった。世界中から来た旅好きな人たちとテントを張り、共同で食事を作り動物を観て、カヤックやラフティングを楽しんだ。そして夜は夜でクラブに行って踊った。

そんな旅行期間を過ごしてから、再び短期間で稼ぐために高速道路の開業に向けた仕事に就いた。その時は新設の高速道路開業までいなくても目的とする旅行資金は貯められそうだったから、開業前の地獄の残業期間前に事務所を脱出して旅行へ旅立った。

俺はこの時念願だった南米一周と南極旅行へと向かった。期間は半年間。日本人からしたらこの半年間の旅行というのは少し長いのかもしれない。しかし、これが世界となると標準だ。この旅行は本当に面白かった。十月の初旬にブラジルの北部レンソイスからコロンビアへと渡り反時計回りで海岸線沿いを観光しながら一旦旅は翌年の俺の誕生日にリオのカーニバルで終えて、そこから再び南下して南極へと向かう。

世界中の若者達とバスを改造した大型のトラックに乗って共同生活。半分はテント泊で食事など旅行者が共同作業で作る。百三十四日間。インカなどの遺跡を巡ったり、アンデスの活火山をまさかの毒ガスマスクをつけての登山をしたり、マチュピチュ目指してみんなで仲良くトレッキング。パタゴニアでは有名なWウォークのトレックを歩き、氷河でアイスクライミングを楽しんでみたり浜辺でくつろいだり、川でラフティングしたり。毎日のトラック移動中は好きな音楽を聴いたり欧米から参加している若者たちの話しを聞いたり。都市部では一緒に街に出て素敵なレストランへ行き、たまにはアンデスの温泉にも。オーバーランドトラックツアーはテント泊が多い。テント伯の時は三人一組の食事当番が回ってくるが、そんな時俺はいつもカレーライスだ。この南米一周の時もその後の西アフリカ縦断中もずっとそうだった。日本からカレールウを持っていきササッとカレー。作るのも簡単で良いが、簡単なのに全員にバカウケで嬉しい。昨今この屈強そうに見えるオーバーランドトラックツアーの参加者でも何らかの食物アレルギーを持っている人が少なくない。そのため日本から二十数種類のアレルギー物質を除いたカレールウを持っていくことになる。こんなことも旅から教わることになる。旅は俺の学校のようなものだ。インカ文明を始め様々な南米の遺跡。地方毎に違う音楽、衣装、食文化。地球温暖化によるパタゴニアや南極での凄まじいまでの氷河後退。学校に行かなかった俺に色々なことを体験させてくれるし学ばせてもらえる。その南米一周の最後のハイライトは俺の誕生日に行われたリオのカーニバルだったものだから最高の旅行であった。

南米まで来たのだからとリオから再び南下して南極へと向かったのだが、この南極旅行も俺の人生の中のハイライトとなったことは言うまでもない。南極ではペンギンと戯れた。法律とは面白いもので、何でも南極条約なるものがあるのだそうだ。その条約だと人間が自ら動物に近づくのは禁止されている。それが逆転して動物が自ら人間に近づくのはＯＫなのだ。俺が南極の海岸沿いで寝っ転がっているとペンギンが俺のところまで来て俺の身体を口先でツンつくツンと突いてくれる。これは本当に愉快な経験だった。

南極には大型船で行くのだが、その中で知り合った年配のドイツ人の女性が五年連続で来ていると言っていたが、確かにハマりそうな旅行だと納得した。俺らは大型船から小さなゴムボートに乗り移って毎日様々なアクティビティを楽しんだ。シーカヤック、ハイキング、アイスクライミング、各種動物鑑賞。キャンプだと言われて真夜中に大型船からゴムボートで雪原へと向かい、そこでスコップを持たされて雪原の一部を平らにしてテントも張らずに寝袋だけを渡されてみんなで寝っ転がって夜空に浮かぶ南十字星を見て過ごした。そして信じ難いが南極での水泳。正直これについてはおすすめできないが。寒いとか冷たいとかではなく身体が痛かった。

そんなアクティビティの中の一つにホエールウォッチングがあった。俺がクジラという動物は本当に賢い動物だと知ったのも南極だった。南極でのホエールウォッチングは他のものと大きく違うのでビックリした。その日も我々は小型のボートで動物の鑑賞へとでたのであるが、どうやらそのボートの音に賢いクジラたちが数キロ先から反応して遊びに来るとガイドが言うのでそれを待った。そして運よく我々の期待通りにクジラが我々のボートのエンジン音に反応して彼らが訪れた。ガイドが遠方を指差して「クジラだ」と告げると、確かに遥か遠方にクジラらしきものが見えた。クジラはまず我々の目線で行くと右側から左側へと泳いでいた。すると急に向きを我々のボートの方へ変えて来るではないか。今でもその光景をはっきりと思い出すのであるが、クジラが潮を噴きながら徐々に我々のボートに近づいて来る様にしばし見惚れていた。そして実はそこからがこのホエールウォッチングのハイライトとなる。クジラはわざと？　我々の目の前で海の中へと消える。そしてその後にボートの背後から頭をニョキっと出すのだ。これには正直ぶっ飛んだ。本当に俺が手を伸ばせば触れる位置までクジラがボートに近づいて顔を出すのである。ガイドは大丈夫と言うのだが、その体験が初めての俺などはビビっていた。それでもしばらくするとそれに慣れ、我々は大いにそれを楽しんだ。

それ以外にもアイスクライミングをしたり、カヌーをしたり。人によっては南極の難破船に潜り込むようなスキューバダイビングの体験をしていた。船の中の食事はランチからフレンチのフルコースが出てきてキャビアのてんこ盛り。美味しさも楽しさも格別な旅となった。

俺は子供の頃から学業には全く興味を示すことはなかったのだが、この地球という惑星には本当に興味が尽きなかった。子供の頃から行きたいとずっと思っていた地域だけは絶対に生きているうちに行くと誓っての人生だ。そのために大切なことは旅の効率を突き詰めてみないといけなかった。そして結論として導き出したのが、数ヶ月間まとめて広範囲を一度に観て回るやり方だった。そしてこの方法が一番コストパフォーマンスも良かった。小さなエリアを何度も日本から往復したのでは、その都度飛行機に乗らなければいけない。それは当然コストもかかるし時間もかかる。それを俺は避けた。何より俺が嫌ったのは日本人的なセコい一週間や十日の忙しい旅行の仕方だったのかもしれない。欧米人は多くの人が長期間の旅のスタイルで人生を楽しんでいる。日本人ではそれができないのか？　俺はそれをいつも疑問に思っていた。そして日本人も欧米人同様に長期間の旅行人生は簡単であると示した。そうなのだ中卒学力の俺でもそういう人生は叶うのだ。俺は俺の基準からしたらこれは誰でも叶う人生だと証明した。だから他の人も追随してくれ。楽しいぞ。

以前はバックパッカーとして安く旅をしたのだが、途中からはそれを止めた。バックパッカーとしての旅で、ひたすら一人でグルグルだけでは、ただ単に惰性で「世界を見たぞ」で終わってしまっていたところが多々あった。もちろん現地の人との触れ合いはそれなりにあったことはあった。しかしそれはせいぜい数日間の短期的なものだった。そんなバックパッカーの旅は自分的にも面白いものではなくなっていた。単に「俺はこんなところに行ったんだぞ」「グレートだろ?」であった。それが自分で楽しければ良かったのだが、全く楽しくはなかった。そこに気がついた俺は途中から海外の会社が主催するツアーへと入るように旅のスタイルを一新した。もちろん俺は英語などできないが、語学ができなくとも人との付き合いはできるものだ。山旅も海外の旅行会社の現地ツアーに入ることで世界中から集まった旅人と楽しい旅が一緒にできた。たまに意見の違い、文化の違いから喧嘩もあったが、それとて良い思い出である。喧嘩した相手の方が最終的には何でも話せる友達ともなり、今では俺の旅の財産となっている。

海外で一緒に旅行した友達がたまに日本に遊びにも来てくれる。そんな時は俺も一緒に日本旅行だ。意外と俺は日本のことを全く知らない。彼らと一緒になって日本旅行を不思議な文化として一緒に楽しむ。

大切なことは現役時代にゆっくり気が済むまで遊ぶこと。現役時代にである。老後に遊ぶ？　それではは体力勝負のことはできやしない。遊ぶには遊ぶためのノウハウも必要だ。大事なのは人生に対しポジティブな若年層が持つ感性。老後にはなかなか持てない感性。

俺が持つ「日本人のあるある」の一つであるが、俺は仕事をしてその合間に長期間の旅行をしてきた。大概の日本人は俺のように半年とか現役時代には旅に出ない。もちろん旅行に興味がない人は仕方ない。興味もなく旅に付き合わせられるのは多分苦痛でしかない。でもそんな人でも自分が興味があることをするのに半年とか仕事を辞めて没頭するなんてあまりしない。なんかそれって不思議。俺の場合は仕事↓旅行↓仕事↓旅行という生活で八十カ国余りを観た。仕事↓仕事↓仕事↓仕事では息が詰まらんか？　せいぜい途中に挟むのが年末年始、夏季休暇、ゴールデンウィークの短期間の休息。

俺の例などは現代の働き方改革にもつながる。例えば土木技術者としてキャリアを積む。そうした場合には俺のような生活が一番だ。笑っちゃうが間違いなくこの方法が一番。結果的に言えることだが。どういうことかと言うと、俺の場合は帰国する毎に違う工種の仕事に就いた。その結果、都市造成工事、河川工事、下水道工事、トンネル工事、橋梁工事、のり面工事、舗装工事、遮音壁工事、標識工事、橋梁補強工事、橋梁床版取替え工事等々担当できた。

普通に社員としてやっていたらこの経験は不可能に近い。数年間は同じところで同じ工種の仕事をするとか、場所が変わっても慣れているからと同じ工種の仕事に配属される。最もその道のプロとして同じ工種を一生かけてやるのも悪くはない……が……はっきり言って俺が思うに、大概は数ヶ月間就いた現場で現場と専門書を読めばある程度のことはわかってしまう。もっと言えばパソコンで自分で３Ｄ図面を作成してしまえば、工事など終えずともできる前に完成形がわかってしまう。そうなると技術者としてはその仕事の興味もそこまでとなってしまう。というのは俺だけかも知れんが、飽きっぽい俺の場合は短期間で様々な仕事に関わるこの生き方がベストだった。お陰様で土木工事のほとんどの工種を見るばかりか体験までできた。

もう一つ「日本人のあるある」お金を抱えてあの世には行けない。短い人生の中では自己実現が大事。やりたいことをやってあの世に行くのが一番。なんてことをみんなが言う。だったらやれば良いだけ。ですがみなさん一様に仕事ばかり。「なぜ？」。俺は老後資金も持たずにこうした人生を送ったことには全く後悔はない。むしろよくやったなと。時間もお金も労力も自分の全てを費やして自分のやりたいことだけに集中できた人生を満足と思えることとは非常に重要というかこれ以上重要なことなど他にはない。それらを全て放棄してなんで日本人は仕事？「なぜ？」そしてその仕事がまともなものならまだしも「違法」が多い。俺は仕事は仕事として割り切って、人とコミュニケーションなんか取らずで良いので自分の良心に任せてやれば良いと考える。だいぶ学歴コンプレックスがあって言うのかもしれんが。俺はこのコンプレックスは必要だと思う。だらか「何クソ、お前らには負けんぞ」となる。

せっかく良い学校を親の脛をかじってまでして卒業して、シャニむに違法残業をさせられて、精神疾患となったり過労死となったり。ただ社会の中の歯車として人生を全うする。俺がやらなければと仕事をしている人ほど陥りやすい「俺が」「俺が」という悪魔の囁き。その結果精神疾患を患って休業せざるを得なくなる。典型的なそんな日本人社員が俺の勤めた事務所にいた。残業に明け暮れていた。その人が突然精神疾患を患って休職へと追い込まれた。本人の休職中にその人の部下が俺に言った言葉は実に衝撃的だった。「あの人の休業分は我々が補うことになるんですよね。やってられんな」。

聞いた俺は言葉を失った。

「気の毒ですよね。あんなに頑張っていたのに。早く良くなってくれたら良いですね」

そんな言葉が出ても良い場面で、部下である若手から休職なんてしやがって迷惑などとバッサリ切られたのだから。

「正気と狂気が逆転した世界」

さてさて、旅行というそんな人生の楽園を終えた俺は再び日本で土木技術者として働き出した。俺の人生の我慢の期間である。しかしそれも俺には欠かせない人生設計の一部だから仕方なく……なんて言いつつ、仕事は嫌いで鬼のような工期に追われた工事でもなければ、いつも定時で上がる俺が、工事金額の積算などをやり出してハマると意外と楽しく黙々とやってしまう。これは子供がテレビゲームに興じるようなもの。算数の数式を解くのにも似ている。残業二百時間の時もこれに相当した。積算の数値を次々と算出していくとハマる。次々と金額を出すことに集中して数値を追うことだけに脳が働くことになる。そうなると寝るのも惜しんでパソコンに向かうようになる。これはもう中毒だ。この中毒に多くの人がハマる。俺も残業にハマった口だから残業者の理解はできる。ハマってはいけない罠。そもそも経営者はこの罠にハマる従業員を作ること自体が問題なのだ。

帰国後、旅行前に働いていた残業二百時間の新設高速道路工事が無事終了し、開業を迎えると新聞などメディアで知った。その際には俺のところにも祝賀パーティーをやるから参加してくださいという案内が届いた。そんなこともあり久しぶりにその当時一緒に働いていた人との再会を果たす。その時聞いた話しに驚いてしまった。なんと彼らは最終盤の忙しい時には月に三百時間もの残業を強いられたというのだ。

「三百？？って？？？　どう考えても寝てないじゃん……」

……って聞いて確かめると簡単に、

「寝ていませんでした」

という答えが返ってきた。

「おいおい、よく生きていたな」

と俺は返した。彼らは俺が南米や南極で浮かれていた間ずっと寝ずに仕事をしていた。

以前から俺はこのような日本文化に疑問を持っていた。労働者の犠牲の上に成り立つ経済というものが許されてしまう日本。違法残業で労働費は本来支払うべき額の半分ほどしか支払わず利益を捻出する企業。そして最大の問題は犠牲というものに誰しもが「我が使命」とばかりにどっぷりとハマってしまう日本の労働者。雇う側も雇われる側もそれで良しとしてしまっている。それができてしまうところが怖いのだが、絶対にこんな世界が続くものではないと俺は確信していた。これからの若者はそんな世界には入ってこない。

高速道路会社も他の産業と同様に過労死する者も出た。それでも皆が「見て見ぬふり」なのである。「なんで？」俺は今でもこの「なんで？」がわからない。「なんで人は仕事に自分の命を惜しげもなく差し出すの？」武家社会でもあるまい。なんで全てに「見て見ぬふり」なの？

しかしほぼ百パーセントに近い日本人がその「見て見ぬふり」をするのである。残念ながら俺は日本人の百パーセントの外にあった。そのことが俺の不幸を招いていく。日本の全ての業界の奴らは敵。ぶん殴ってやるべき輩でしかない。この業界で嫌なことばっかりだった俺の結論はここに至った。

この時は祝賀会でみんなが浮かれていた。ここでも日本人の性が見える。「これで我々の苦労が報われた」こういう美談だけを残して仕事は終える。そして人々は高揚感を得て会社への不満を打ち消す。

「俺たちが○○を建設したのだ。俺たちはやり遂げたのだ」

と。そんな中で一人俺だけは、

「馬鹿じゃないの？」

「なんでこいつらはこんなことに満足できるんだ」

「アホやろ」

「こいつら狂ってる」

とうんざりして彼らを呆れて見ていた。

「正気と狂気が逆転した世界」

そして日本人の百パーセント外の俺はここで行動に出た。この違法残業をなくすために。何も建設コンサルタント会社の契約社員であった俺が建設コンサルタント会社の請けた仕事の発注者である高速道路会社の改革などせずとも良いのではあるが、これを放っておくと火の粉が自分に当たる。結局はこれを許すと後々彼らの違法残業に付き合うのは我々建設コンサルタント会社の人間である。それも建設コンサルタント会社の社員たちはほとんどがサービス残業として百時間も二百時間も付き合わされるのだからたまらない。実際にこの時は三百時間付き合わされたと言っていた。

さてさて、高速道路会社が前身の公団時代から延々と半世紀以上繰り返していたであろう違法残業。俺が百パーセントの日本人と言ったが、その百パーセントは嘘ではない。半世紀以上、延べ数十万人の人がここで働いていて誰もその残業を止められなかったのだ。百パーセントの人間、百パーセントの日本人が。この百パーセントの日本人に対抗するのは百パーセントの外にある外部人間である俺だけ。ここでも俺はこの違法残業を止めて「ザマァみろ」と言ってやりたかった。ただそれだけの目的で行動に出た。俺の場合は美談でもなんでもない。単なる愉快犯のようなものだ。

俺がどうやってその百パーセントの日本人の悪しき慣習をなくしたのかであるが、まずは高速道路会社にある「コンプライアンス委員会」なるものに、こんな残業が許されるのか？と訴えてみた。見事にこの方法は失敗と終わる。数日間何の反応もなく無視された。この時俺は自分の力のなさと、大企業のコンプライアンス委員会なるものが如何に無意味なものであるのかを知った。

それでもここで諦めない。俺は絶対これをやると決めたらやる。今までもそうして生きてきた。そして子供の頃に行きたいと願った八十ヶ国あまり旅行してきた。意外と俺は執念深い。それも随分と執念深い。人に負けたと思ったら勝つまでやる。やっぱりこの時もそうでまずは作戦を練った。闘志がムラムラと沸き起こる。「絶対奴らには負けん」と。

次に考えたのが、

「だったら社長に直に訴えたらええやんか」

である。我ながらそのシンプルな考え方が正解だと直感的に思った。俺は旅行もそうだが直感的に思ったことを直ぐに実行に移さないと気が済まない性格だ。そう世界一せっかちなのかもしれない。

俺は考えた。何が彼らを動かすのか？　そのためには何が必要か？？？　その時俺はやっぱり人は自分の弱みを突かれることを嫌うものだと結論した。人が一番嫌がるのは弱点をネチネチと突かれることだ。俺の思考はだいたい暴力団などと同等だ。彼らの弱みとは何だろう？？？

そこで在職中に過労死した若者の例を新聞で調べた。記事を見つけ記事を書いた新聞記者がわかったのでその記者宛に手紙を書いた。過労死した社員のご遺族に宛てた俺の手紙を届けてくれと新聞記者に依頼したのだ。俺の手紙の内容は、高速道路会社は遺族には、「二度とこのような過労死となるような残業は……云々……」と言っておきながら今なおというか以前にも増してこんな残業をさせているのですよというものであった。幸いにもこの後にご遺族から返信をいただくことができた。俺はこれを高速道路会社の社長へ送りつけた。普通に書いたのでは俺の手紙など簡単にスルーしてしまうだろうが、これればかりはいくらなんでもスルーはできまい。大会社の社長でもそれをしたら人間失格だ。

そして、

「**山が動いた**」

高速道路会社はやっと違法残業撲滅に手をつけることとなった。俺と一緒に仕事をしていた社員に聞いたらその社員だけでも五百万円近くの違法残業代が支払われたらしい。多分この時に会社は世間に公開することなく、億単位の違法残業代を社員に支払ったであろうことは容易に想像できる。全く大会社が何をやっているのやら……。

事務所では百人以上の人間が詰めている。当たり前となった「過労死を招く違法残業」には誰も違法とすら思わない「常態化」となる。日本人の「見て見ぬふり」文化は凄いとしか言いようがない。そんな彼らを俺は常に冷めた目で見ていた。

「こいつら何のために生まれてきたんだ？」

「ここの誰一人社会に絶対必要な人間じゃない。単なる歯車がそんなに嬉しいのか？」

よく考えろ。過労死はいうに及ばず、それ以外にも社会へ及ぼすリスクがあまりに大きなことだって気がつけや！

社会へ及ぼすリスク？　何が？と思われるかもしれない。実はこれが意外と大きな問題だ。そのリスクを話そう。残業二百時間を超えると夜中の二時や三時に帰宅するなんてことは当たり前。場合によっては朝方の五時や六時なんてこともある。そんな状況で一旦アパートや家に帰って仮眠をとり、ほんの数時間後には会社に再び戻る。場合によって我々は建設現場を管理監督するという立場だから現場にも足を運んで見に行かなければならん。

……車で……

それって恐ろしいと思わんか？　全く満足に寝てもいない者が車を運転する。人の一人や二人轢き殺したとしても不思議じゃない。違法残業はその会社の問題だけじゃない。社会全体がそのブラック企業のために多大なリスクを背負わされるのだ。俺も何度か運転中に意識が飛びそうになったことがある。ブラック企業の役職者などは目の前でフラフラとなって働く社員をみてなんでそんなことを考えない？

「自分の部下が全く関係のない人を殺すかもしれない」

「目の前のこいつらにハンドルを握らせて良いのだろうか？」

そんな状況を作る役職員は自分自身が怖くはないのか？　俺ならゾッとする。

残業に熱中する社員は仕事に熱中してしまい、過集中となる。その結果、数字や書類を片付けていくことに気分が高揚してしまい、朝方の五時にアパートに帰っても直ぐに会社に戻ってパソコンに向かいたいという思いに駆られてしまう。

そもそもこの高速道路会社の事務所では日々何をしているのかを考えてみると、その異常さがよくわかる。俺も在籍したその事務所では、新設の建造物を作るために設計会社に仕事を発注して、その発注図書を精査して発注図書を元にゼネコンに工事を発注する。ゼネコンが仕事を受注したら、次にはゼネコンが設計図書を元に適正な建造物を作っているのかを監督・管理する。ゼネコンのやっていることが「構造的に設計図書を満足しているか」「品質は発注者の意図する水準でできているか」「工期に間に合うか」そして「安全管理は万全か」である。そうなのだ、職員や俺のやっていた施工管理員という人間はゼネコンに「法令遵守」を第一に求めている立場。ゼネコンには「ここが悪い」「そこがダメだ」「直ちに是正しろ」「安全には特に気をつけて」と言って時には重箱の隅をつつくくらいの安全管理をしておきながら、自分達は様々な違法性のあることにズッポリと首だけでなく身体ごと浸かってしまっている。寝てもいない身体を無理やり動かして現場に車を走らせる。そしてゼネコンに向かって「ここは安全じゃないから是正願います」という。相手からしたら「お前に言われたくない」であろう。全てが「見て見ぬふり」でことを済ましてしまう日本人。誰もが「問題を起こしたくない」「言い争いはめんどくさい」「集団から浮いた存在になるのは嫌だ」「何事も穏便に」それら日本人の意識が生む「見て見ぬふり」。

特に俺が普通の日本人に驚くのは「我慢」「忍耐」である。俺の場合だと延々と仕事はせずに一定期間だけ働き旅行資金ができると国外へと脱出であるから、けっこう近くにゴールがあるから残業も耐えられていたのであるが、高速道路会社の社員や建設コンサルタント会社の社員はそんな生活を数年間に渡ってする。「なぜ?」より、「そのいじめによく耐えられるな」である。俺が苦手なのはその「我慢」「忍耐」そして「努力」である。俺は気が向かなければ何もしないし、嫌だと感じた時点で全てを止めてしまう。仕事に就いても訳もわからんことを言われたらそれでバイバイだ。それが俺。だからかもしれないが俺の真逆の人が常に職場では周囲にいる。自分と性格が違う人たちとは、意外と同じ空間にいても違和感なく付き合える。これも変な話ではあるが、自分とあまりに違う人とは意外と付き合える。そして彼らは俺のような契約社員とは違う立場で俺よりはずっと責任を負って仕事をしている。そして笑ってしまう事実であるが、ほとんどの人たちは俺より低所得者である。俺は如何に短時間で稼ぐかを考えてばかりいた。それに対して彼らは組織に従属しているということにモチベーションがあるのか、馬車馬の如くに生涯働き通してその人生を終える。そんな彼らの違法残業を撲滅させ、俺からしたらどうでも良い彼らに「人間らしい生活」を提供しようとしたのか？　これは単に自分へ火の粉がこないためである。彼らの生命と財産を守る？そんなことはどうでも良いことで各々が各々の生命や財産を守れである。俺は目の前で彼らに死なれてもあまり動じないタイプの人間だ。

それにしても、日本人はなんとかならないか？　延々と高速道路会社は半世紀以上ずっとこの違法残業をしていたと推測するが、その間で誰もそれを「悪」だとは捉えておらず、反対に「善」として年寄りたちは今なお「俺が若かった頃はな……」となる。はっきり言ってこの還暦を過ぎたお爺ちゃんでも、年寄りから「俺が若かった頃はな……」なんて話を聞くのはうんざりする。ここの社員はそうでもないのか？　まさか自分が課長とかになってそれを新入社員に言うために自分が我慢している？ってこと？　今回このお爺ちゃんが比較的短期間でさほどの手間もなくこの半世紀以上の伝統と歴史に終止符を打ったことは「悪」？だとしたらどうぞ再び二百時間でも三百時間でも残業してくれ。俺がみなさんに言えることは「俺が高速道路会社の補助業務をしていた頃はなぁ～残業二百時間当たり前にやっていたんだから、それに比べてお前らは楽な仕事してるよなぁ～」である。そんなことを言われて喜ぶ新入社員がいったい何人いるのやら。昔に戻りたいと思う社員が何人いるのやら。お爺ちゃんがやっても簡単に違法残業をなくせたのになんで日本人は動かないのか？　俺の日本人への「なぜ？」は果てしなく数多くある。自分の貴重な時間を奪われて滅私奉公？　とんでもないことだ。

この件で一番得をしたのは俺に怒られた高速道路会社だ。ずっと社内で「見て見ぬふり」の半世紀以上続いた公然たる秘密の悪習をパッと断ち切れたのだから。だから俺はこんなことを書いても彼らから感謝されこそすれ恨まれる筋合いは全くない。本体も子会社もメスを入れ続けてやったのだから。それよりも俺が言いたいのは、そんな不正を正すのは次回からは内部から声を上げてやってくれと言うことだ。まぁそれができないから今があるのだろうが……。

残念ながらこの業界では発注者がそうであるようにゼネコンも同様である。ここで一つの実例を示しておくが、こんなことを業界全体でしているのだからどうにもならない。そしてその最大の問題は誰もが「見て見ぬふり」という労働者が自ら作っているという日本人の根底にある精神社会にある。愚かな日本文化がいつ変わるのだろう？　俺は正直にいうとやる側もやられる側もどちらも全てにおいて大嫌いなのがこの日本人という人種なのかもしれない。表の顔は良い人。裏で何をやっているのやら。

スーパーゼネコンの一角を担う清水建設であるが自殺による労災認定があった。これも高速道路会社同様に勤務時間に関する記録を操作しての過少申告だ。時短目標達成が評価の対象だと知った社員が選んだのが記録の操作だったようだ。なんとも悔やまれる事件だ。労働時間の把握も高速道路会社と変わらない。パソコンのオン・オフが自動的に記録されていた。しかし、しかし、どうしても日本の会社にはこのしかしが付き物だ。実はこれにも違法残業をする仕組みが組み込まれていたのである。パソコンには自分用と共用の二種類があり、自分のパソコンをオンのまま共用のパソコンに入ってから自分のパソコンをオフにすることで残業記録が残らなくなる。これなどほぼほぼ高速道路会社と同じようなものである。これなどは元々このようなケースを考えて作られたとしか思えないシステムだ。要するに違法残業を元々想定しているということだ。そして周囲の誰もがその事実を黙認「見て見ぬふり」。

調査委が設置され各々のパソコンの操作履歴を調べると、うつ状態直前三ヶ月は平均百時間を超える残業だったとのことだが、発注者も受注者も組織は違うがやっていることは日本人的で変わらない。全てが「見て見ぬふり」「会社のために」「評価のために」これが日本人だ。

日本人サラリーマンは同じ会社に長くいることを好む。そんなのは俺からしたら無能なだけの人間でしかない。能力がないから一つのところに留まる。芸術を極めるのでも伝統文化を極めるでもない。たかが仕事だ。だったら誰しも様々なことに興味があるはずだ。だったら様々なことに挑めば良い。確かに一箇所で働けば仕事は慣れたもので気楽で良いのかもしれない。でも俺はたった一度の人生なら色々なところで違ったドアをノックしたい。違うドアの先の違った世界を見て体験したい。俺の海外旅行のように。

俺の場合は自分の人生で地球上の自分が行きたいところ全部を観て歩く。それが生涯でできたかできなかったか？　自分の興味が向いたことができたのかできなかったのか？　それを自分が自分自身で評価していく。その評価だけが自分には必要だ。あの世に行くときに「あれもしたかった」「これもしたかった」だけは避けたい。仕事での人の評価などどうでも良い。「悪い」とされたらそこを去れば良いだけ。ウザいところにいつまでも留まって仕事をしても意味がない。自分の「楽しい」をひたすら見つけて歩けば良い。

この数年後に前述の違法残業にメスを入れたのが俺だと幾人かが知ることとなり、数人の若者から会社の体制にメスを入れてくれありがとうございましたと言われた。少しは俺も役には立ったようだ。少しは意味があることをやったのかなと。それでも俺のようなやり方で他の人が何かをやるのは日本人では無理。何度も言うが俺のやり方はプーチン、習近平、トランプ型だ。テメェえら、こうやれや！でしかない。俺は意見をまとめて何かをやるタイプではない。強権型だ。人の言うことなどイラッとして聞けやしない。特に日本人を見ているとその型で世の中を一掃してやりたいという衝動に駆られる。なんでお前ら黙っとんねん！と。何でお前ら立ち上がらんのや！と。俺の場合は俺の基準とする正義がある。その基準に沿った世の中なら良いがそうでないと爆発する。自分の理想とする社会が明確にあり、それに全てと従わせようとする。それが俺が言うプーチン、習近平、トランプ型だ。お前らのしていることはビッグモーター型。営業利益のため、上司に怒られないため言われたら何でもする。

この違法残業をなくしても、残念ながら組織には問題が山積みなのは変わらない。この後も俺にコンプライアンス委員会を通じて高速道路会社は怒られている。施行業者との不適切な付き合いだ。例によって旅行から帰国して自宅に居ると、建設コンサルタント会社から急に派遣社員に辞められたから、次の人が来るまで一ヶ月間だけ工事事務所で仕事をしてもらいたいとのことで行くことに。まぁ毎回毎回俺の赴任はどうしようもないこの業界の構造的な問題での赴任だ。そして事件は起こった。赴任して一ヶ月後の辞める間際に建設コンサルタント会社の方から、水曜日に飲み会があるから出てくれと言われ参加した。その日はたまたまその事務所での俺の最後の出勤日。

　指定された店の前まで行って俺は目を疑った。場所は大きな飲食店で中に入ると……なんと……施工業者の方々が……俺は場所を間違えたのかとウロチョロ……既にその当時は公務員などコンプライアンス違反となるから間違っても施工業者との飲食などしなくなっていた時代……だから俺は単純に施工業者とたまたま同じ飲食店になったのか?と思っていた。すると建設コンサルタント会社で働く同僚が「一歩さん、ここだよ」と……まさかのまさかであったが、やはり施工業者との合同の飲食だった。流石にこれには呆れた。高速道路会社など公共事業の発注者として民間会社とはいえ扱いは公務員と同じなのだ。それがまさかの受注者と飲食。それも街中の大きな飲食店で堂々と看板を上げて飲み会である。俺が思ったのは「この会社は本当にどうしようもねぇな」だった。

　まぁそれでもタダ酒だ。俺は酒は飲まないが酒の席での食べ物は好きなのでしっかりと美味しくいただいて帰宅。皆さんは飲めや歌えや大騒ぎ。

　俺は翌週から他の事務所へ移動。赴任後最初にしたことはコンプライアンス委員会へのメール。「施工会社との合同飲食会、楽しく参加させていただきました」と。結局は数日後に簡単なメールで不適切な事実が確認され数名を処分とありましたが、恐らくは口頭注意程度だったろう。何故ならその後俺が働いていた時に施工業者との不適切な飲食は厳禁などという注意喚起は内部ではなかったからわかる。ここで少しでも重要事項として内部で取り上げないものだから後々もこれが続くこととなる。

この数年後赴任した工事事務所で嫌なメールがあった。メールで堂々と事務所全員に施行業者の所長がこの度ご栄転となりました。当事務所発注の○○工事ではたいへんお世話になりましたので……云々……と飲み会の案内が来る。全く懲りてない。基本的に発注者が施行業者と飲み会を開く行為は不要だ。施工業者でも内部規約で禁止している。公務員扱いの高速道路会社など当然の如くに止めるべき事項である。一回全員でそんな場を設け職員と業者とが個人のレベルで仲良くでもなったら次は個人的にも飲み会をするようになると考えるのが普通だ。だから発注者はそこの部分を甘くしたら失格だ。この人たちに法を説いても無駄だが。そもそもそんなに飲みたかったら友達や家族とやれば良いではないか。違法性のある飲み会よりは家族サービスに時間を費やしたほうがマシだぞ。俺から睨まれることもないぞ。まぁこのレベルの人間にいくら言っても仕方ないことなのでこれを責めるのは止めよう。そうそう日本人は家庭より仕事なんだろ？　わかったよ。もう言わないよ。外道が！

この違法残業などは違法残業を「みんなでやっているよ」「みんな同じだよ」となる事務所内での日本独特の雰囲気がまず蔓延してしまい、それを壊すことは「悪」となってしまうことに問題がある。俺が嫌いな「日本人のあるある」だ。大概はこの方向に向かって何事も進んでしまう。それは何故か？　それは日本人だから。「残業して滅私奉公こそが美徳」「人がやっているのに自分だけ帰れない」「やらないと怒られる」「評価が下がる」「ただなんとなく周りに合わせて」……日本人がまず考えることは周囲の輪の中に常に収まっていないと不安という心理がある。これが意外というか最大の厄介者となっている。「組織の中にいたい」という帰属意識。ある意味会社員としては必要なのかもしれないこの帰属意識。日本人の場合はこの帰属意識が悪い方へと働くばかりだから気をつけないといけない。違法行為はこの帰属意識が生む。よく会社内での検査を省いたりで、ニュースとなるが、その根本には「会社のために」「前任者から引き継いだことで自分の代でやめられない」「みんなやっている」「これが普通」それが本道として社内で通ってしまうのである。誰もが「今までそうだった」を変えられないのである。その「今までそうだった」の最初にあるのはもちろん「見て見ぬふり」なのだ。最初の最初は誰かどうかが「それはいくらなんでも悪いだろう」「それやっちゃダメじゃない」と思った人がいても社内の雰囲気から誰も反対せずに「じゃこの検査は省こう」とか「これはやったことにして書類にだけ残しておこう」となり、それがいつの間にか会社の「普通」となって根付いてしまう。大概は法に基づいてやることがめんどくさいとか、あまり意味を感じないような規則だったりという理由から皆で楽な方へと進む。特にその作業が単純で規則的なものであれば尚更だ。そして「まぁいいや」である。一度そこに会社の内部がおさまってしまうと、どこかで外部からの指摘とか密告でもない限りは延々と不正が内部規約とでもなったかの如くになって抜け出せない。元々日本は決まり事を好む。そしてそれがあまりに多い。そもそもそこが大問題。

日本人に必要なのは自分の時間を持つための能力。企業にも個人にも残業を避けるためのあらゆる能力が不足している。それは人を雇い入れる能力。雇い入れたら長期的に勤めてもらえるだけの環境を整える能力。残業とならないための優秀な社員を作り上げる育成能力。自ら作った規則を守るモラル育成能力。会社の慣習を変える能力。身の丈に合った事業計画を立てる能力。これらは学校では教えてはくれない。

高速道路会社の違法残業はこうしてこの執念深いお爺ちゃんの行動でなくなった。書いてしまうと実に簡単なことでしょ？　でも高速道路会社は延々と半世紀以上これを続けてきた。その間に全国延べ十万人単位の人が働いていた。その誰もがその悪しき習慣をそのままにし続けていた。彼らの異常な残業の歴史は俺が潰すまで続いた。これこそが日本の本当の「闇」なのだ。だからこそこのお爺ちゃんのような日本人の百パーセント以外の人間が必要となってしまっている。実に悲しいことである。俺もいちいち周囲の全ての人を敵にして闘うのは疲れるから嫌いなのだが、この他にも俺はずっと彼らとやりあってきた。この本は俺の闘争の歴史でもある。

大概の建設工事は工期が命とも言える。数年前から何年何月に開業とか開通と広報もしている。それに間に合わせるように現場は必死だ。その結果現場は酷いものである。事務所では「違法残業」に手を染めなければいけない。現場では「工期に間に合わないから」という変な理屈で適正なコンクリートの養生期間も無視して工事を進めたりである。これはどういうことかといえば、コンクリートは打設してから、ある程度固まるまではそのコンクリートを成形するための型枠を外してはいけない。当たり前のことであるが、それすらも「工期がない」という一言で、最低限守らなければならない規則も無視して工事が進むのである。これこそ正に「早かろう悪かろう」である。世の中そんなことばかりである。

工事には品質を確保するための様々な決まりがある。この決まりは過去に日本で費やされた百兆円規模の予算をかけた土木事業を積み重ねてやっと出来上がっている決まりである。コンクリートはこれだけのセメントを入れて、こうやって打設してとか、コンクリートの中にはこれだけの太さの鉄筋をこれだけのピッチで配置してくださいとか過去の経験と経験から学んだ事象から構造計算式を導いて、そうしてできた決まり事さえも簡単に無視されてしまうことは日本の損失であることは間違いない。

それでも「工期に間に合わない」と言われて発注者は施工業者の様々な不正を「見てみぬふり」をしなければならないこともある。俺などはそれらゼネコンの仕事をチェックする立場にあったのであるが、俺の場合は発注者の品質なんてどうでも良いから早く進めてという「本音」など全く無視してゼネコンの仕事をチェックしていたものだから、発注者からもゼネコンからも嫌われていた。

俺の場合は何度かゼネコンさんの作ったものが設計と違っていたりで作り直しを指示したことが一度や二度では済まないのであるが、俺以外の施工管理員がゼネコンに対して工事を停止させたり、最初から作り直してなどという指示をしたなんてことはあまり聞いたことがない。俺が施工管理員であるためにゼネコンの出来の悪い工事が見つかってせっかく打設したコンクリートを壊してやり直すなんてことが何度かあった。俺が見る現場ばかりが不具合がある？？？　そんなことはない、みんな現場が悪くても「見て見ぬふり」なのである。舗装工事でも工期がないと言って雪降る中を道路にアスファルトを敷いていたのを見たので直ちにやめさせた。既に現場にはアスファルトを敷く機械の後にアスファルトを満載したダンプが数台控えていた。俺は顔色一つ変えずに「ダンプは工場に引き返させて、工事は中止でお願いします」と言ってダンプが引き返すのを見て事務所に戻った。この時などはゼネコンの所長にずいぶんと嫌味を言われたし、発注者側の人間も工事が間に合っていないので俺にそんな報告をされても「ご苦労様」とは言わずにただイラッとしていた。まぁゼネコンの所長の気持ちはわかる。工期も迫っている。停止されたことでその日俺に追い返された作業員や機械、アスファルト代で百万円からの損失だ。ただこれが施工管理員の仕事だから仕方ない。俺はお金をもらってその仕事に従事しているのだから。ただ俺以外の施工管理員ならその場は「見て見ぬふり」が多いのが実態だ。施工管理員もゼネコンの所長と俺のように顔を突き合わせての対立はしたくはない。それが本音だ。ただ俺から言わせるとそれができないならこの職に就くな。所長には運が悪かったと思ってもらうよりない。

この「見て見ぬふり」が日本文化であると共に社会の根本的な「闇」を作り出す。このことにまず気がつかないといけないし、その文化をなくさない限りこの国は多くの日本人が望む通りの現状維持。何故人は悪い事象を見ても「見て見ぬふり」をするのであろうか？　答えは簡単で「そうすることが楽だから」である。人間誰しも楽をしたいものであるからそれはそれで仕方ない。だから今のこのロクでもない業界ができたのである。

「見て見ぬふり」をしていた人たちは、生きている限りずっと心に「俺が造った建造物は大丈夫だろうか？」という不安を抱えて墓まで行けば良い。

日本人が一番持っているものって何だかわかりますか？　それは登山家が俺に言った通りで「仕事をする暇」だけは世界で一番持っている。お金がない、暇がない、興味がないなんて何をするにも直ぐに言う。実際は違う。全てがある。作れば。上司から命じられて「仕事をしろ」と言われれば、黙って残業百時間でも二百時間でもやれるほどの「仕事をする暇」が日本には溢れている。上司から不正をしろと言われれば自分の意に反してでもどんな仕事もする暇だけは持っている。本当はその「仕事をする暇」の少しでも趣味に活かせたら良いのにそれができないとはなんとも。そして何より面白いことには俺とは違い残業代も請求せずに滅私奉公のサービス残業ができる。そんな労力があるのなら仕事ではなく俺のようにボランティアに活かせられるはず。日本人は本当に何と言いますか不思議。無料でどこまでも仕事・仕事・仕事。サービス残業は苦もなくできてしまうのに、本来はその人にとっての最重要課題であるはずの「自己実現」には全く労力も智力も努力もせずというか、その「自己実現」の中身すら自分で持っていない人ばかり。仕事って元々お金を稼ぎ家族のため、自分のために活かすものではないのでしょうかね？

「仕事をする暇」を持っているのに対して持っていないものは何でしょう？　ズバリ人生目標。これを日本人に話しをしても仕方ないのでこれはここで終えて、もう少しセコい話をしますと、日本人が持ち合わせていないものは、この業界では組織内で立場を超えた当事者意識。これは残業を避けることにも直結する。全てにおいて「俺が社長だったら」と考えるとわかりやすい。自分が社長でこんな違法残業がやがて社会に知れたらどうだろう。違法残業ばかりではなくあらゆる不正についてもだ。自分が社長でこの違法残業で社員が死んだら？　品質の悪い構造物を造ったことで大事故になったら？　等々考えていくと絶対に違法残業や不正をなくさなければと思うはずだ。目先の自分の立場や周囲との摩擦を避けることだけに心血を注いでいる今の日本人が一番不足しているものがこれだ。

俺でも唖然とする
発注機関の質の低下

カナディアンロッキー、ルイーズ湖。

土木工事の発注者側の人材不足が深刻だ。施工業者以上かもしれない。発注者側はそれを補うために発注者支援業務という名目で建設コンサルタント会社から人材の派遣を受けるのであるが、この建設コンサルタント会社から派遣される人材が現場では大問題となっている。

余力がある発注機関では専門に施工業者の施工の良否をみる施工管理員という人材を配置している。これが発注者支援業務というやつだ。建設コンサルタント会社と発注者とで契約をして人材の提供を受ける。施工管理員は品質管理、工程管理、安全管理を施工会社が適切に行えているのかを確認する立場にある。こう書くと一般の人は施工管理員とは専門的知識のある重要な立場にある人なのだなと思う。確かに一般の人の願い通りの者が施工管理員でなくてはならない。しかし、現実はそうならない。その一人が俺だったのだから、言ってることに間違いはない。

高速道路会社の場合は工事を発注するためには、全てを職員で完結できるだけの人員の配置ができていない。そのために発注の補助をする人を建設コンサルタント会社から雇う。それが発注者支援業務であり、建設コンサルタント会社から送り出される「施工管理員」という人材である。この施工管理員がこの業界で有名なのは、ほとんどが「素人軍団」であるということだ。

そんな素人軍団に一人当たり月額百万円以上のお金をかけて雇用する。百万円以上と書いたがそれは間違いない。何故って？　俺が建設コンサルタント会社に契約社員として雇われた際の給料が百万円だったから。建設コンサルタント会社は少なくともそれ以上を高速道路会社からいただかない限りは商売として成り立たないからこの金額は間違いない。

さてさて、そうして雇われた施工管理員ではあるが、元同僚としての俺がどう大目にみて彼らを査定しても「素人」の域から脱せない。酷いのになるとパソコンのエクセルの扱いすらままならないし土木の「ド」の字も知らない。俺がいちいち細かいことから言って聞かせないと何もできない。それでできれば良いのだが、俺が説明してやってもできない。そんな人材を平気で建設コンサルタント会社は現場に送ってくる。俺ならせいぜい月額二十万円しか支払わないだろう。学生アルバイトの方が使い勝手が良い。そうなのだ、月額百万円以上を支払ってくる人材が月額二十万円の学生アルバイト以下なんて状態だ。

俺ならこんな人達を雇うだけお金が余っているのなら、本当に学生アルバイトを使う。役に立たない人を一人減らして、そのお金で学生を週に三日勤務として月額二十五万円で四人雇用し、学生の学費も別途払って、四年後から正社員として雇用したら両者共々ウィンウィンだ。恐らく今の四十代から七十代の人達を一から教育するよりも、学生を雇用して学習してもらった方がどれだけ将来性があるかである。

はっきりいってこれは俺から見たら雇用対策にしか映らない。現場の戦力にはならないし、たいがいは足手まとい。この実態はとても他の産業に従事していて平均年収程度しか受け取っていない人たちには言えるものではない。間違いなくこれは公共事業における最大級の無駄遣い以外の何物でもない。ここまで断言しておいてなんだが、もちろん中には稀に優秀な人材もいる。建設コンサルタント会社で古くから従事している正社員だ。ただ残念ながらその割合は一割弱。彼らはここには勿体ないくらいに頭脳明晰、人格も優秀な人材。ほとんどの事務所で配置されている人の割合は少しわかっている人が二割いたら良い。六割は全く戦力にはならず。これだけ高額な報酬を得ているのに一から教えないと仕事にならないといったレベル。そして六割のうち五割は短期間で追い出されるなり、自ら出ていくといった感じ。実際にはもっと率が多いのかもしれない。これは公共事業としたら異例の人事問題である。俺が高速道路会社の事務所に派遣された時に、以前に知り合った施工管理員が今はどの事務所に配置されているか他所の事務所の座席表を見ることがままある。それ以外にもたまに気になってみるが、見てわかることは人事異動の凄まじいこと。ザックリというと事務所の規模で違うが、既に高速道路が開通していてその開通した高速道路の維持管理するための事務所だと昨今ではのり面工事、橋梁補強工事、橋梁床版取替工事、トンネル工事等の分類で班分けがされている。そして班毎に高速道路会社は建設コンサルタント会社よりザックリとであるが十名ほどの人材派遣を受ける。その人たちの座席表を定期的に見ると驚く。凄い例だと俺が最初に見た時にあった十名の名前が半年後に全て入れ替わっていたというのがあった。他でもこれに近い状態のものが数ヶ所あった。こうなる理由は様々だ。人数が多い場合だと発注者側から能力不足と指摘され交代となるとかだ。ちょこちょこと抜けるのはおそらくは雇用されてから実際に働き出して自分の能力では足りないと判断して早々に自ら辞めて出ていくという者。

俺が旅行から帰国後久しぶりに仕事に就いた時、他所の事務所に以前一緒に働いた高速道路会社の社員の名前があったので挨拶とばかりにメールをしてみた。加えて施工管理員は良い人材が入っていますかと聞いてみたのだが、案の定で返信には「私が赴任して一年足らずですが既に最初のメンバーで残っている人はいません」とあった。自己の都合、能力不足で入れ替わったと書いてあったが、それだけの人事の入れ替えって普通では考えられない。だってそうだろう。これだけの高収入が約束されている仕事なのだ。条件も良いのにそれに誰も定着できないということを考えただけでも異常だろう。

こんなことを高速道路会社は延々と続けている。誰もが悪いことだと知っていながら直す気配すらない。少なくとも俺が最初に赴任してから十数年間この有り様だ。素人の採用↓解雇↓素人の採用↓解雇↓素人の採用↓少しましだから採用……嘘だと思うなら過去の席表を三ヶ月ごとくらいの頻度で高速道路会社から見せてもらえば良い。そこには驚く実態が隠されている。組織は叩けば埃が出る。これはどこの組織も同じだ。パワハラなど当たり前で、過去にここに勤めた建設コンサルタント会社の経験者や高速道路会社の経験者に聞くと良い。恐らくは数え切れないほどに「あそこの課長は酷かった」「あそこの工事長は瞬間湯沸かし器で……」と話題も豊富だから。その結果相当数の人間がノイローゼになっている。同様に当の高速道路会社の社員も相当数が精神疾患でリタイヤだ。

俺も酷い目にあったことがあった。新設の高速道路建設の工事事務所でのことだったが、俺は旅行から帰国した時で、ある知り合いの建設コンサルタント会社の営業から「派遣会社から人を雇ったのだが、急に辞められて困っているから至急来てくれないか」との要請だった。行ってみると事務所は酷いものだった。全くの素人軍団。俺は「遮音壁の発注を来月にはやらないといけないのでそれをまとめてもらいたい」と仕事を頼まれた。それでその業務が今どういう進捗なのかを聞くと「今は○○さんにやってもらっているから一歩さんは彼をフォローしてやっていただけたら」と言うので、俺は○○さんのところへ行き話を聞く。発注の公示が来月ならその時期には発注図の照査をして数量の確認などをしているはず。そう思って話を聞いたのだが、なんとその時点で発注図すらできていない。俺は「ヤバい現場に来たぞ」と思いつつ管理技術者に「○○さん、この時点で発注図すらないと言っていますが」と告げる。「……」長い沈黙後「一歩さん、発注図作ってもらえませんか？」まさかの依頼である。オイオイ……素人軍団をついに通り越したか？　結局俺に問い詰められた○○さんは翌日から事務所に来なくなった。出社拒否だ。やれやれ……。仕方なく俺は他現場の類似工事資料をありったけ取り寄せ、超速で遮音壁の発注図を寝る間も惜しんで二週間という速さで描き上げた。設計会社に頼むと楽に二～三ヶ月はかかると言われたが、こちらは「エイヤー」の二週間。俺は災害復旧のような急な仕事の図面なども「エイヤー」で描くのが得意科目なのでこんなのは比較的楽だったが、それでも納期が二週間では苦しかった。何事も経験だとは言われるが、こんな経験はできればしたくはないものだ。

昨今は現場の安全もままならない。俺が赴任した事務所で既に完成間近の工事があって見学がてらその当時やっている現場を見に行ったことがあった。現場には足場が組まれており足場には通路が設けられていた。その通路を歩いてみてビックリ。通路には現場内で単純に見ても十箇所以上の段差がある。それも階段一段では足りそうもないくらいの高低差で。俺は思わず「？？？」である。何故かというと建設現場の仮設通路では三十センチを超える段差があれば、階段を設け手すりを付けるとかスロープにするとかの処置をしなければいけないのだが、全くそれをしていない。よくここまで放置できていたなとへんな感心をしてしまった。施工業者の所長は毎日常駐しているし、施工会社独自の社内安全パトロールは毎月されていただろうし、発注者側の安全管理を受け持つ建設コンサルタント会社から派遣された施工管理員も何度も現場立ち会いで訪れているし、高速道路会社の職員も来ているし安全パトロールも行われていたはずだ。それなのにこの有様？？？　オイオイいい加減にしろ！である。

即刻、施工会社と施工管理者と高速道路会社の職員を前に、是正するようにと言ったのだが、専門家相手に安全な仮設足場の作り方なんて一般的な注意するポイントが書かれた文書を提示して説明する俺の身にもなってもらいたい。こんなのは現場を始めて訪れた新人さんにする教育内容だ。それを現場に指示しなければならない立場にある施工会社の所長や、発注者側の人間にしなければならないのだから嫌になる。そして既に工事は八割が既に終わっているとなると、施工業者などは「もうこのままで良いじゃないか」というような目で俺を見るし、不愉快すぎて事務所から飛び出したくなった。事務所には新人の施工管理員がいたので、俺は彼に「あれ危ないと思わなかった？」と問うと「やっぱりあれ危ないですよね」と答えが返ってきた。俺は彼に「普通に危ないと思うものは何かしら規則から外れいているものだから規則を確かめて見ないとだめだよ」と……なんで俺がそんな教育をしないといけないのやらだ。

昨今はこんなのばかりで足場が建てられて随分経つのに足場の建設時にやっておかなければいけない処置が全くされておらず、その不安全足場で作業をしているところを何度か見た。「月額百万円以上の技術者」という名目で雇用されているのにも関わらず、エクセルすらできないのでは現場で使いようがない。俺は彼らと立場が同じであるから、イロハのイから彼らに仕事を教える立場でもない。本来はそこに座れるだけの技量を持った人だけがその席につかなければいけないのだが「人材不足」を通り越した「人手不足」なのだ。

そもそもこうなったのも全てが「人手不足」の一言で片づけてよいものではない。これまでの高速道路会社の体制にもその原因の一端はある。それは今までの発注工事では現地工事事務所で求める施工管理員は決まって「経験者に限る」という不文律があった。それは何故かというと、忙しい工事事務所では新人が来ても満足に教えることなど叶わないし、経験者を集めないと工期に間に合わなくなる可能性がある。何よりも発注者側の人間の経験が乏しいこと。だから経験者を入れないと自分達が不安なのである。建設コンサルタント会社側も、施工管理員としたら自分たちがいくら残業をしても仕事が追いつかない等の問題ばかりがあったから、経験者に来てもらわないと自分で自分の首を絞める結果となるので、それについては賛成という立場でもあったかと思う。そんなこともあり建設コンサルタント会社の営業に対して高速道路会社の工事長は一様に「経験者を探して来い」であった。その結果として事務所の中はいつの間にか「高齢化」となり、次にそれらの人たちが引退後は「技術の伝承」を受ける若手を雇用しなかったことが仇となり、「世代の空洞化」となり、最終的には現在の「人材不足」とつながっている。

困ったことに現在は新設となる建設の現場は少なくなり、建設当時に仕事に携わっていた人たちが次々と現役引退となり、「技術の伝承」なんてことを言っても教える側も人材不足となり結果として「素人軍団」となってしまった。

次に問題なのは建設コンサルタント会社という存在そのものである。みなさんは建設コンサルタント会社といえば「技術者集団」と考えているはずだ。それは間違いだ。建設コンサルタント会社の実態は、単なる「人材派遣業」でしかない。これは俺が直に経験してきたことだから間違いはない。建設コンサルタント会社が発注者へ発注業務補助要員として施工管理員を送るのであるが、俺自身もそうであるが、派遣されるにあたって建設コンサルタント会社から今まで一切の教育を受けていない。

たまに事務所内で新人教育なるものをしていたことを見たこともあるが、俺からみたらその新人教育をしている人自体がこんな俺よりレベルが低く、人に教育するレベルに達していないため、全く教育が教育になっていない。新人教育をしている人が作った書類を俺が見て、たくさんの付箋を付けられ、俺に睨まれて書類の返却を受ける。俺からしたら「人に教える前にお前がもう一度学生からやり直して来いよ」だ。こんなことは俺のような中卒の学力しかないものが言うことでもないが、はっきり言って日本の大学の教育は現場で全く役に立たん。

こんなのもあった。俺が赴任した事務所でみたのだが、道路と発注者側が管理する敷地の境にフェンスがあって、敷地内の工事をするため、そのフェンスを撤去して出入り口を作るという、本体工事のいわば準備段階の仕事。既に俺が赴任した時には数箇所のフェンスが撤去されていた。それらの工事をするのには事前に施工業者は発注者に施工計画書を提出して承諾を得るのだが、もちろんその段階ではフェンス撤去の施工計画書は提出されていた。俺は何気なく施工計画書を読んでみた。まさかこんな簡単な準備工事で間違いはないはずと思いながらペラペラとページをめくる。するとそこにはとんでもないことが書かれていた。

フェンスを撤去するのにはまずフェンスの金網部分を取り外す。その後に支柱を撤去する。まぁ至ってシンプルな作業だ。支柱を撤去する場合は基礎が土中に埋まっているため、その周囲を軽くスコップで土を退ける。そうすれば簡単に支柱は手作業で横倒しできる。その倒した支柱にロープをかけてユニック車で積み込んで搬出するというのが一般的な流れだ。しかし、俺が読んだ施工計画書はそうはなっていなかったから驚いた。施工計画書には金網を外したら支柱にロープをかけてユニック車で引っこ抜くとある。「エッ！」まさかまさかの計画書で驚くのを通り過ぎて呆れ果てた。そもそもユニック車はそんなふうに土中から物を引っこ抜くための機械ではなく、一般的な材料や積荷を車から下ろしたり積み込んだりする機械である。それを土中に埋まっているものにロープをかけて引っこ抜くなどして、簡単に抜けたら問題はないだろうが、少しでも何か支障物にでも当たっていて簡単に抜けず無理してユニックに力を加えて強引に引き抜こうものなら、場合によっては急に土中から抜けてしまい、支柱が空中で暴れて、周囲に人でもいたものなら考えただけでも怖い惨状となる。また、人が助かっても、引っかかっていた支障物がもし何かの電気ケーブルなどだったら、そのケーブルを傷つけたり切断したりということも考えられる。元々施工計画書とは、そのような事故をまずは想定した上で、この場合だったら、まずは手作業で支柱の周囲の土を取り除いて、安全に支柱を手作業で地面に寝かせてから、ユニック車で吊り上げて搬出するとなる。それがこの施工計画書では、真っ先に考えられるであろう、危ないと思われる作業手順でやりますと書かれているのであるから驚いた。ユニック車は土中に埋まっている物を引っこ抜く機械ではない。それを支柱の引き抜き機として使うというのは「機械の用途外使用」に当たる。その禁止事項を堂々と施工計画書に書いてあるのだから呆れるよりないだろう。

この施工計画書を提出する施工業者もなかなかの強者であるが、受け取る施工管理員と発注者の担当や課長もそれを上回る強者たちで恐れ入った。要するに全員が素人で現場の施工方法など鼻から知らないのである。俺のような現場からの叩き上げなど不在だし経験もない。ほとんどが机上で現場を回すような輩ばかりなのだ。

俺は施工者や同僚や発注者全員にメールで「このユニークな施工計画書は何ですか？」と尋ねた。誰も黙して語らずであった。申し訳ないと謝罪もなく、反論もなく。こんなことが数度繰り返されると事務所内で俺一人浮いた存在となる。めんどくさい人間には誰も何も相談には来なくなるし、仕事も与えられなくなる。

この後も何気なくその他の工事の施工計画書を見ていた。仮設足場など大まかなところは書いてあるが、それ以外の昇降足場の部分が全く書いてない。そんなチェックをして施工計画書に付箋を付けていると、この施工者のやっている、既に施工計画書が受理されていた現場で墜落事故が発生。それも仮説足場の昇降足場の設置工事をしている最中の事故。事故後に現場の施工計画書を労働基準監督署でも調べていたが、案の定、施工計画書すら提出されていないお粗末さ。俺がチェックしていた施工計画書と同じ施工計画書が使われていたなら当たり前かと納得。事故はたまたま起こるものではない。起きるべくして起きる。その後工事は二ケ月間停止。

他にも俺の赴任していた事務所で大事故が発生したことがあった。ウィキペディアにも掲載されているほどの大事故。橋梁工事で架設中の橋を落下させてしまった。死者まで出した。その時の事故原因は架設の橋を支えるベントの基礎部分の地盤が不当沈下してベントが傾いたことが原因となり落下。この時も他の工事の事故もそうであるが事故の後に聞き取りをすると大概は事故前に予兆がありその予兆を現場の人間は見て知っている。けれど事故は発生する。これも「日本人あるある」であるが、誰もが「見て見ぬふり」「良い子」「余計なことは言わない」「大丈夫だろう」。俺みたいに周囲全員を敵にしてでもいう奴などこの世に皆無。俺からしたら「どいつもこいつも黙っとらんで言えや！」である。そして「いつまでも黙ってやってろ！」でもある。俺の怒りの炎の中には「お前ら全員死んじまいな」という不埒な考えもある。結局はこうなって最終的に業界から俺は立ち去るよりなくなったが。橋の落下もそうだが誰か一人声を出していたら……落橋事故の事後も組織の体制はお粗末なもので、事故後数ヶ月間俺は在籍していたが、その間に亡くなられた方の慰霊を合同でするとか事故原因の説明などは受けなかった。人が人ではなくなっている。しばらくして建設コンサルタント会社の施工管理員のトップが精神疾患で休業となった。

「正気と狂気が逆転した世界」

建設コンサルタント会社もそれに張り付く派遣会社も、単にネットで求人広告をして適当な人を採用して各事務所に送るだけで、そんな人たちを受け入れた事務所はいい迷惑にしかならない。だからパッと来てパッと出ていく人なんてよくあるパターンである。前述の通り、工事事務所や管理事務所の席表などをみると、一年前と今年とでは施工管理員のほとんど全員が交代しているなんて事務所も一つや二つではない。一つの班に十人の施工管理員となると簡単に年間契約で億単位の契約となるのだが、そこまでして得た労働力のほとんどが使いものにならない労働力だという事実。これが業界で有名な素人軍団の怖さである。建設コンサルタントという技術を持たない単なる人材派遣会社が、技能もない人材を人数合わせに現場に派遣する。これは俺のような同じ施工管理員として赴任した人間にとっても負担が大きいことなのだが、派遣を受けた高速道路会社の職員などは事業を円滑に進めようにも、部下となる施工管理員が使いものにならないのだから職場のストレスとしかならない。年間を通して次々に人れ替わりが行われるし、時にはあまりに酷い人の場合には職員が建設コンサルタント会社の営業や人事担当、場合によっては社長までも呼び出して交代を願い出るようなケースも多々あるのが実態である。

その後、ある事務所に新年度から赴任したのだが、雇用された建設コンサルタント会社の班は、恐ろしいことに俺を除いて全てが初めて高速道路会社の施工管理員をするという人たち。あろうことか班のトップとなる管理技術者ですら土木の「ド」の字すら知らないのでは、というくらいに仕事の話をしてみても全くの素人としか思えず、最初に少し話しただけで、その後は全く無視して業務を進めるよりなかった。そんな体制だからもちろん仕事など酷い有様で、発注者の高速道路会社の職員からは事務所内で終日怒鳴りまくられていた。まぁ簡単な書類を依頼してもまともにできないのだから怒るのも無理はない。早々に俺は建設コンサルタント会社の社長に電話して、ほとんど全員を取り替えてくれないかと相談する。最優先順位はどっかから管理技術者できる人を見つけて連れてきてくれというものだった。そんな状況でしばらくは過ごしたのだが、早々には人は見つからない。仕方ないので既存の強者たちを使いつつ仕事をしていたのだが、どうにもこうにも仕事が回らない。そうなると発注者の課長から担当までが怒りの炎ＭＡＸとなる。担当の新人社員までが酷い口調で俺のところまで不満をぶつけるようになる。まぁこちらが悪いのは間違いないが、それでも言い過ぎは良くない。怒声を事務所で聞くのも嫌なものである。俺は建設コンサルタント会社の体制が悪いのは百も承知で、彼ら職員を黙らせろと発注者のコンプライアンス委員会に訴えた。

まぁ俺以外にこんなことをするのは全国では誰もいない。俺だけだ。発注者だろうと雇用主だろうとそんなことを俺は気にしたことなどない。俺はいつもそうだ。俺は俺に降りかかった火の粉はことごとく振り払ってきた。他者はともかくとして俺様が職場で怒号を受けて仕事をするなど論外だ。高校の時などは、俺のことが気に入らないと言っては俺をいきなり殴りつけてきた同級生の暴走族の奴を逆にぶん殴り返していたが、社会に出てからはそういうことは控えていた。それでもその時は周囲の全員をぶん殴ってやりたいと毎日思っていた。だからそれをせずにコンプライアンス委員会に任せるという形で済ませたのは俺の少しばかりの譲歩だ。歳と共に人間は丸くなる……ある意味この言葉は真理かもしれない。

コンプライアンス委員会より「一歩さんから申し出があった件に関して内部調査をした結果その事実が確認できましたので……云々……」。

とりあえず怒声だけは事務所からなくし、職場環境を整えた。

結局ここで一年間過ごした。夏前には新しい管理技術者が来たことで、なんとか仕事が回った。加えて半分以上の人を入れ替えた。最終的には、その翌年を含めてその事務所では俺が赴任した時にいた人は一人残っただけで、全員が入れ替わった……俺を含めて。俺は見事に追い出された。発注者の職員をコンプライアンス委員会に訴えたという罪で追い出されたのだ。確かに俺は訴えた。そしてコンプライアンス委員会は俺の訴えを認めて謝罪してきた。それが公の結果だ。でも実際の現場では違う。確かに彼らはその後言葉使いが良くなり前のようなことはなくなった。けれども処分を受けたのは俺だった。翌年度は違う事務所に行くように建設コンサルタント会社の社長より命じられた。まぁ世の中そんなものだ。みなさんに言っておく、俺のように暴れるのはいい加減にしておくことだ。「見て見ぬふり」の人生が楽で良いぞ。俺はここでもまた日本人が大嫌いになった。というか憎しみしか湧かなくなった。

そしてこの事件には全く同じ続きがある。次年度は違う事務所へと。そこでまた同じ体験をする羽目になった。全員が素人。発注者から怒声。全く同じパターン。若い担当からメールで「一歩さん、他の人が書類を提出する際には全て一歩さんが目を通すように言いましたよね？　何でこんな書類が上がってくるのですか？　こんなことで時間をとられるのはいい迷惑です……云々……」俺は慣れたもので、四月のうちに俺を飛ばした建設コンサルタント会社の社長を現場に呼んで、前年度と同じに管理技術者を探してきてくれと頼むことに。社長はなかなか見つからないと言うので、以前一緒に働いたことがある奴と連絡をとってこっちに来てくれと依頼。社長に頼み、夏を迎える前になんとかそいつと前任者とを交代させた。それ以外の数人も入れ替えてなんとか仕事が回り出す。俺は企業再生屋じゃない。つまらんから一旦そこで土木業界から離れ田舎に帰って、古民家を購入して自分でリフォームしてゲストハウスに改修してオープンさせる。そこでまた資金が尽きたので再び土木業界へと戻った。

そもそもなんでこんな人達を雇うの？となる。俺が考えてみても派遣会社などはネットの求人広告で高給だということを餌にして人を雇う。ここでは一級土木施工管理技士資格さえあればＯＫだ。本書でも書いているが、その資格などたったの一週間だけ過去の問題集を丸暗記すれば取れる資格で、土木経験者ではない事務所の事務員でも取れる。はっきり言って役に立たない。その資格があるからといって、現場に派遣されても仕事はゼロからスタートの新入社員とあまり変わらない。経歴書を見ると前職を辞めて直ぐに赴任している人がほとんど。いきなり実力も伴わない人が現場だ。どうなるかは俺がここで述べている通り。それでもそのシステムの悪さを知りながら、しかも繰り返し繰り返しこんな人材を受けて現場で人の入れ替えを延々と行なっている発注者。はっきり言ってこれは派遣会社や建設コンサルタント会社が悪いのではなく、そんな人材に見切りをつけてシステム自体を再構築しようとしない高速道路会社の失態以外の何ものでもないと俺は思う。

土木では人手不足が既に限界点を超えている。最大の問題であった「人材不足」は既に通り越した。今では「技能などなくてもいいから職場に来てくれ」と言っても人が集まらない「人手不足」に移行した。その意味の恐ろしさなど考えたくもない。

技術の低下はお話ししている通りであるが、少し実例を上げよう。この還暦過ぎたお爺ちゃんでも、既に二〇一五年から3D機能を使い、受け持ちの現場の2D図面を3D化していた。おそらく当時からそんな暇なことをしていたのは全国の施工管理員の中で俺一人だったかと思う。俺が描いた図面を高速道路会社の若手社員に見せたら彼はそう言っていたからそうなのだろう。

実際に3D化すると設計図の良否が一目瞭然でわかる。高速道路だと道路に描く文字を実施するスケールで3D化してみることで文字の見え方もわかるし、標識類も同様である。標識の手前から標識がどのように見えるかなど簡単に見える化できることはありがたい。構造物などは描くことで作業環境など簡単にわかる。単純に機械を入れて作業スペースがあるかとか、仮設足場などの配置計画など本当に一目瞭然だ。新設歩道橋設置工事で鋼材を加工して作る歩道橋を3D化した時など、全くそれまで気がつかなかった設計の不備がわかったりもした。図面を立体化すると簡単に視覚的に全てがわかる。なぜならそれは我々が作ろうとする物その物の完成形であるのだから。

本当はこの3D化こそがこの「素人軍団」の手助けとなるのだが、今は経費削減でCADも3Dから2Dへとダウングレードしてしまった。高速道路会社は時代をまた半世紀巻き戻した。しかし、今の高速道路会社の体制ではそれが妥当なのかもしれない。そもそもほとんどが2Dすらまともに扱えない。何度も言うが中卒学歴のこのお爺ちゃんが3Dに馴染んで、大卒のそれも理工学部卒の連中が何を考えているのやら。

赴任した工事事務所ではトンネルの上にある高さ七〇メートルもの山をそっくり除去するという工事をしていた。大きなニュースともなり知っている方も多いだろう。上信越自動車道で北野牧トンネルの上部にそびえる高さは七〇メートル、平均斜度七〇度と垂直に近い岩塊を撤去するという前例のない工事。

これを2Dで見ると、施工範囲も狭く、工事の進捗を説明されても全くわからない。このように平面的要素が少なく、超高層ビルの建設工事のような場合、3Dの一番得意とするところだ。誰が考えてもこの工事こそ3D化して施工管理をしないと工事の進捗も施工の見える化などもできやしない。できやしないのだがここでは3D化もせずにやっていた。俺が去った後で、遅ればせながらやっとそれらに取り組みを……らしい。なぜ最新の技術を放棄するのか俺には全く理解ができない。還暦過ぎたお爺ちゃんが3D化して現場を理解する時代に現役組はそれに取り組みさえしない。それどころかそんな技術があれば新たに勉強することが増えて迷惑だと言わんばかり。このお爺ちゃんは何度も言うが義務教育課程しか勉学はしてこなかった。「大卒者で固める大企業が何やっているの？」と、このお爺ちゃんから言われて返す言葉があるのだろうか？　３Dによる現場の見える化などは、このお爺ちゃんが二〇一五年からやっていることからもわかるように、相当古い案件だ。体制が古いというか化石だ。

ちなみにこのトンネル上の岩塊を取り除くだけで、事業費は百五十億円から二百億円必要だとか。俺がその前に赴任した事務所の工事でも、一つの橋の耐震補強工事で三百五十億円から四百億円が必要だとか。道路事業で食い繋いできた俺が言うのもなんだが、本当に道路とは金食い虫以外の何者でもない。今後はこの便利さを求めた橋やトンネルの維持管理費が国民の重荷となる。遠回りでも良いから維持管理可能な道路だったら良かったのに、主要道は橋とトンネルで国土を覆っている。橋もトンネルも専門性が高い技術者が必要だ。どこにそんな技術者がいるのだ？　どこにそんな金があるのだ？　ただ地面を均して舗装をするだけの道路なら何とかなっただろうに、そんなお荷物に多額の税金を投入せざるを得ないこれからの国民に俺はお気の毒様としか言えない。次世紀には道路に車というものが走っているのかさえもわからないのにだ。

「その道路本当に必要ですか？」

俺は土木に関してはスコップを持っての現場作業からやってきた。重機に乗って穴を掘って、レベルや測量機器で位置を出し下水道管を自分で敷設した。コンクリート工事では自分で足場を組み立ててから型枠を組んで鉄筋も自分で組み立ててコンクリートを打って来た。現場仕事は一通りできるようになってから施工管理をやり出した。だから図面を見たらだいたいの工事は何が必要かくらいは早々にわかった。ゼネコンの監督さんも発注者側の施工管理員も、俺みたいな現場からの叩き上げはほとんど不在だ。自分でやってみないとわからないことはけっこうある。だから施工業者さんには悪いが意外と施工業者さんの間違いとか誤魔化している点がわかってしまう。逆に普通にゼネコンさんの監督さんになったり、発注者側の担当や施工管理員になった人は、作業員経験がないものだから実践知識に乏しい。これは仕方ないことだ。現場を作業員としてやっていると少しでも効率よくと考える。現場監督でも同じだが、作業員の場合は自分の負担を減らして楽に完成させるということにこだわる。だから新しい知識や技術に目が向く。発注者や施工管理員はあまりお金の苦労がないものだから、施工業者の生産性とか利益とかには無頓着だ。利便性とか効率化に対しても無頓着なところが多い。会議でもそうだが、俺など施工業者経験があると会議一つでも人件費がかかっていることを常に考えていた。例えば六分の打ち合わせでも、話す相手が十人いたら一人が一時間働いたのと同じ労務費となる。だから会議は極力要点をまとめて確実に相手に伝わるようにするのはもちろんだが、時間を大切にしてダラダラとはやらない。それが発注者側との打ち合わせだと、発注者側の人間は会議時間が長いと仕事をしたような気になるのかしらないが、どうでもいいような話を延々とする。俺も発注者側でいたものだからこれがよくわかる。たまに寝てしまう。

よく人から俺が数ヶ月間旅行していることに対して「普通ではない」と言われる。この「普通」であるが、どこを普通と判断するかは俺の周囲の環境によるものだと思う。俺が海外のオーバーランドトラックツアーに出かけると、一緒のツアーの参加者は一年間くらい続けて旅行している人がままあるし、世界百カ国以上旅している人などザラだ。山旅も俺に声をかけて下さった人は、様々な「世界初」の偉業を成し遂げて普通にギネスブックに掲載されていたりで、俺からするとこれが「普通」だ。それが「普通」だから俺のやってきたことなど、その世界からしたらまるで子供騙しのような旅行経験でしかない。

俺でも唖然とする発注ミスのニュースの数々

アメリカ・カリフォルニア、ジョンミューアトレイル　その1。

発注ミス。そんなの今や当たり前。これは既に土木技術なんてものが失われて久しい中では不思議でもなんでもなく、「普通」というか「日常茶飯時」なのであるからなんとも情けない世の中となってしまったものである。

近年の情けない発注ミスの実例を一つ。みなさまにとっては「あり得ない」という事件も土木業界では「またか」でしかなかった感のある昨今。ここで挙げるのは実際のニュースでテレビのビックリではありません。正直なところ俺はこのニュースを見て次にしたことは、その日の日付を確認したくらいだ。しかしその日は残念ながら四月一日ではなかった。内容は秋田県が砂防ダムを建設し、その後十年間維持管理をしていた。維持管理として現場に異常がないかを見つける点検業務を県では発注していたのだが、ここから先のニュースに驚いた。なんと県で保守点検していたダムは自らが造ったダムではなく、その隣の国が造ったダムで、結局県は砂防ダム完成後一回も自ら造ったダムの点検業務をしていなかったというなかなかにショッキングな出来事。

凄いですよね。ダムを造りました。完成後ダムの維持管理者として造られたダムを専門業者に依頼して点検しておりました。ですがその点検していたダムは我々の勘違いで我々が造ったダムではなく、隣の他者が造ったダムでした。結果として我々が自ら造ったダムは十年間一度も点検をしておりませんでした。

これは俺がいうところの「日本人のあるある」。役人が一番やっている「過去を踏襲する」。これはどこの役人も疑いもなくやっていることなので、そのメカニズムを嫌というほど知っている俺からみたら「あるある」だ。さてこの事件の悪いところはそこではなく、誰も毎年行われる点検結果をチェックしていないということ。これが俺の恐れる「日本人のあるある」で最悪な点。やることになっているからやる。誰もあまり現場のことなど興味がない。要するに「やりました」という結果だけ書類として保存したいだけなのである。「仕事だからやるだけで現場にはさほど興味がない」である。

ケースは違うが、俺の住む町にある森林組合の事件でもこの「過去を踏襲する」で最悪の結果を生んだ。大北森林組合等補助金不適正受給事案というもの。ザックリと要約していうと、年度末に予算の消化に困った県が、事業が完結していないものでも良いので請求してくれという禁じ手を発動。地元の森林組合はそれを良いことに、やってもいない森林作業道の整備を実施したように装い、国の補助金を請求するようになり、悪いことに森林組合の専務はそのお金を施工会社を迂回させて着服。県は翌年度からも同じことを繰り返すが、事業で何をやったのかは全く調査も検査もしていなかった。その結果森林組合の不正受給額は十六億円を超えた。この事件ではお金を着服した専務は言うに及ばず、それに加担した県職員にも損害賠償が請求された。

日本の役人が大好きな「過去を踏襲する」文化。多くの日本人が「あの人もやっているよ」「今までもそうだったから」「毎年同じだよ」「この通りやっとけば苦情はこないから」そんなことをやりがちだ。おそらくはこれからもこのような事件は毎年でてくる。これを読んでいる方の中にもおそらくは「それはわかっているけど、今更言えないよ」ではないか？あなたもやっていますよね？

俺がこの業界でわかったことの一つに、現場を見る俺のような者であれば、経験がものを言う。学歴などはどうでも良い。俺は高校も不登校で実質は義務教育を受けただけの学歴だ。そんな俺が言うのもなんだが、今まで現場でそんな俺より仕事がわかる人とか、現場を知っている人とかに会うことは本当に少なかった。俺は土工といって、まさしくスコップを持って手作業をするような仕事から土木業界に入った。俺がそれをやっていた当時は土方と呼ばれた。今ではそれは差別用語となるから禁止されているようだが、俺はその土方に誇りを持っていた。日雇いや現場での無資格労働者を土方と呼んでいたためか、差別用語となって今では使われなくなったが、俺なんかは堂々と「元土方です」と言うくらいに誇りを持って土方をやっていた。

スコップを持ち、時に重機に乗り、穴を掘り、汗を流し働いた。そして次のステップとして現場代理人になって監督的立場へと上がった。その後はさらに大きな現場を見たくなって施工管理員となる。河川工事、大規模宅地造成工事その他に主に道路工事に関わってきた。道路工事の中でも細分化すると、造成、舗装、遮音壁、標識、橋梁、トンネル、ボックスカルバート、橋梁補強等々である。俺の場合は土木をやりだしたのだから様々な工種を見てみたいという気持ちが強く、一つの工種を極めるというものではなかった。現場を数多くやっていくと、大概は新たな工種をやりだしても過去のものの応用で、現場が理解できるようになる。その都度新たな部分だけを学んで自分の経験に付け足していけば事足りる。大体図面を見て自分で3D図面にしてみると概ね現場がわかる。そんなのは数ヶ月である。その段階で完成形が描くことができると、俺の場合はそれでもう満足してしまって、新たな現場を見たくなるの繰り返しだ。

そんな俺とは違い、設計の場合はある程度その分野での基本的な知識と専門的な応用知識を極める必要性がある。昨今ではその「極め方」が問題となっているように思う。俺自身は設計照査を生業としていた。設計自体はやったことがないので適当なことは言えないのだが、設計照査をした経験からの感想程度の範囲で触れておく。

昨今では設計会社から発注前に発注者へと提出される設計図の段階で呆れた間違いが多い。ある発注者の課長からこんなことを言われた事がある「設計会社から来るものは図面じゃなく漫画だから、施工管理員はそれを図面のレベルまで引き上げてくれ」と。「おいおい、確かに図面と呼べるレベルじゃないが、発注者がそれを頼んで納品を受けるのだから、俺のような施工管理員に彼らの図書の修正をさせて完成形を求めるのは間違っていないか?」といつもそう思っていた。本来なら発注者の担当が納品された成果品に責任を持って受け取ることで、やっと俺らは仕事が進むのだ。それがその前の段階のものをなんで俺がチェックするのだ? まぁ現場の実態はそんなものだ。そしてこのチェックを前述した素人軍団である施工管理員がチェックするのだから、まともな設計図などできやしない。

仕方なしにチェックして数々の事項を指摘して再提出させるのだが、その間違いが実に幼稚な間違いで呆れる場合もある。肝心な寸法すら入っていない場合など普通にある。図面を見ると二枚の違った図面ではあるが、片方は全体を描いた一般図で片方はその内の鉄筋の組み方を描いた配筋図。図面の名称は違うが場所は同じ箇所。図面を一枚めくる毎にその同じ箇所であるはずの寸法が違う。俺が見た酷いものでは橋梁の橋脚の一般図では上部の張り出し部の高さが一メートルなのに鉄筋の配筋図を見るとその部分が一・五メートル。こうなると図面の照査どころではなく、図面全部をその段階で設計会社に差し戻して「全部を見直して再提出願います」である。

出来の悪い設計について差し戻したりしているまではまだ良いのだが、昨今では照査の段階で差し戻された図面がなかなか返却されてこない。これを繰り返しているとやがては「納期に間に合いません」と設計会社から泣きが入る。こんなことで発注業務が停止する。なぜこのようなことになるのかであるが、昨今では設計を請け負っておきながら納期に間に合うだけの人員が不足している設計会社が多いのが実状なのである。そして最大の問題は実力以上の物件を受注していること。かといって請け負わなければ会社の資金が回らないから仕事は請けるという感じなのだろうか。設計会社の問題もあるが、発注側にも設計の良し悪しを見るだけの人材はいない。照査などできる人がいるだけでも贅沢なのが昨今の業界である。

全てに人材不足という問題が多々ある。人手不足ではなく人材不足というのがこの土木業界に大きな影を落としている。構造計算等は昨今では数多くのソフトが開発されているので、昔のように手計算で起こるようなミスは少なくなったのだが、たまにソフトへの入力値のミスを気がつかないまま発注してしまうというケースもままある。それが大きな違いなら誰でも気がつくのであろうが、些細なものの場合はそのまま発注されてしまうのが実状である。

実例としてはこんな設計ミスがある。橋の耐震補強設計で専門のソフトを使わずに社内で作られた表計算ソフト「エクセル」で作ったものを使いまわしたところ、その表計算を元々作った人ではなく他の社員が作った人から説明も受けずに本人の「たぶんこうだろう」で入力したところ、入力ミスをして構造計算を誤っていたというもの。慌てた設計会社は他の橋でも同じことをしていないか調べたところ合計三橋で同様のミスが発覚した。この社内で作られたエクセル表には十分な説明がなく、前述の通り使い回しをした他の社員の思い込みで本来入れるべき値と違う値を入力したようであるが、これなどはそもそもの構造計算のプロセスを十分理解していないとその入力値の良否がわからないから厄介だ。後になって設計会社が自ら検証して「このソフトだと間違えても無理はない」といった具合のものであったが、俺も以前積算で他人の使っていた表計算をコピペして痛い目にあったことがある。

人材不足で困るケースとしては、人材育成ができていない設計会社に仕事を依頼すると専門のソフトに入れて計算をするという構造計算まではなんとかできても、その先の施工計画の段階で作業が進まない。おそらくは現場というものがどういうもので、どうやって仕事が進んでいくのかが頭の中でイメージできていないことは容易に推測できる。この部分はある程度の経験が必須だ。経験がものをいう部分がある部署にできる人材を配置できなければ業務が停滞する。停滞ならまだしも停止となるとどうにもならない。おそらくは現状では設計会社などはゆとりを持って新人研修などしている時間などない。発注者側で設計会社とキャッチボールをして、目の前の仕事をこなすだけで四苦八苦している。そんな状態で新入社員に手を取られてはいられない。

ここ数年は設計会社から請負の工期内に設計図書が発注者へ上がってこない。とりあえずのものが納品されても、それは暫定でしかなく、百枚の図面が届いたら照査する立場の俺は二百枚の付箋を付けて返す有様のものでしかない。そうするといつまでも返却がない。やがて工期がなくなる。これら人材不足を解消するための人材育成については現状の体制では無理だろう。多くの経験者が引退しその下が育っていない。教育者の不足という問題については解決策がないのが実態かもしれない。技術の伝承の一部空洞化。それはバブル崩壊とリーマンショック、脱談合、などによる影響でその当時に新入社員を採用しなかった会社が業界には少なからずある。それがあるとベテラン・中堅・新人という構図がなくなる。そうした場合にはベテランもベテラン、大ベテランが新人と席を並べて仕事をするというケースも発生する。そこで技術の伝承ができれば良いのであるが、若手が仕事を振られることで本来なら相談できる中堅社員が不在となると、年代もだいぶ違ったベテランにいちいち尋ねて仕事をすることになるのだが、なかなか若手社員がそれをして仕事は長続きしない。どうしてもそこに世代間のギャップが生まれコミュニケーションが取りにくい。そうなると離職率が高くなり、結局は雇っては辞められ雇っては辞められで、そのうち肝心なベテランも業務の過多に耐えられなくなって精神疾患を患ったり引退したりと悪循環となる。ベテランでも業務過多となれば、真夜中に図面を作成していても報告書を作成しても、ミスをする回数がどうしても増える。

この現象はこれからも長く続く。設計会社には教育に費やす時間も予算も不足している。根本的なところから改善しない限りこの設計ミスは簡単にはなくならない。業界を上げて体力がある設計会社を作らない限り、問題はいつまでも残り続ける。日本人はとかくお金というと嫌な顔をするが、実際問題お金がなければ何も始まらない。お金の循環あってこその仕事だ。俺の正直な意見は、設計ミスとしてニュースになった工事はラッキーである。おそらく今後はその**設計ミスを誰も最後まで気が付かずに、そのまま工事が完成してしまうはずだ。日本中に怪しげな構造物がニョキニョキと出現するはずだ。**

これも「日本人のあるある」であるが、お金を忌み嫌うかのように利益を労働者優先に分配するような社会環境を作ろうとしない。たくさん利益を得て労働者がたくさん給料をもらって、社会でたくさんお金を使って貰えば良い社会なのだが、夜を徹して仕事をして、それで得た給料を時間給で計算してみたら、外食産業でアルバイトをしていた方が良かったという設計会社の社員の声も聞くようでは未来などない。それでいて社会的な責任は重すぎるほどに重いのだから、やっている側としたらたまったものではない。

発注者側がまずは設計会社の実態を注視観察していくことも大切だ。仕事を受注しても人材不足で納期に間に合わないでは、その後の工事のスケジュールへの影響が大きい。設計会社が十分な人材と十分な社員数を抱えていることは考えにくい時代だ。受注者が仕事を開始したら早い段階から段階的な進捗を確認していかないと、後で痛い目にあうのは発注者となる。昨今の様子を見ると設計という業務が難しくなり、この部分に今以上にお金がかかるようになることは必須事項となろう。こうすることで益々建設費は高騰するがそれも仕方ないことなのだろう。それを踏まえて新規の公共事業や箱物作りは手控えることが必要だ。大阪万博などが良い例だ。箱物など公共事業を作ってみてもやり手はいない。国には本来自らの実力を充分知るという能力が必要なのだ。なんでも頼めばやってくれるなんて世の中がどこにあろうか？　金・金・金……今後は今までの倍のお金を使って初めて、今までと同等の規模の建造物しかできないような時代へと移行するだろう。公共事業は如何にコンパクトにまとめるかこれがこの国の元老院に求められるのだが……そこへの期待はしない方が良い……元老院は新設道路など自らの名が残ることはやりたがるが維持管理など名が残らないようなことはしない。

次なる問題は設計会社への就職希望者を増やし、同時に離職率を下げるという大問題が控えるが、これについての解答は誰も持ち合わせていない。就職現場では「魅力ある職場」には誰でも手を上げる。「ブラック企業」と烙印を押された業種には誰も手を上げない。単純に言って世の中の仕組みはそうなっているのだが、正直なところ現状この業種を「魅力ある職場」とするには、本書で俺が嫌悪している日本人の精神文化を根本的に変えなければどうにもならないのだと推測する。要するに「給料上げてくれよ」「残業なんかやらせんじゃねぇよ」「楽しく教えてくれよ」「いちいち怒るんじゃねぇよ」「そんなこと聞いてねぇよ」「責任ばっか俺に押し付けるんじゃねぇよ」等々の若手からの声を黙らせるだけの体制ができていないのであれば、人が入っても離職していってしまうのは仕方ない。

特に給与と仕事の責任とが釣り合っていない。設計会社の問題の多くはここだ。社会のインフラを支える設計業務。そこで働く人の責任は重い。しかしそれに見合うだけの報酬を今まで設計会社は従業員に支払ってはいない。重い責任は与えるが、それに対して報酬は与えない。与えないどころか違法残業など当たり前で、会社への貢献とばかり負担ばかりを求める。まずはここから手をつけないとだめなのだが、永遠のテーマとして終わってしまっている。わかってはいるが実はここが一番手をつけられない大問題なのが設計会社。真夜中まで働くのが常識となってしまっては誰もこの職になど就きはしない。責任に見合うだけの給料と休息が必要なのは言うまでもない。心のゆとりと遊び心と頭の柔軟性が問われるのが設計だと俺は思う。それには心の余裕がなければ良い仕事はできない。

各世代が均等に配置されていないという問題は今更どうしようもない。世代間ギャップをどうやって埋めるか。特にこの業界のベテランになればなるほど昔の「猛烈社員」の姿を引きずっているのでこれについても難しい。つい「今の若い者は……」になりがちだ。「今の若い者は……」をしてしまうと離職率の増加へ直結する。仮に若者たちとの付き合いが上手くできたとしても納期に追われた職場ではベテランや中堅に負荷がかかってしまい、職場が疲弊する。結局は出口が見えない。この業界のいったいどこに楽しさを見出せば良いのだろうか。人はいないのに構造物の老朽化は進むばかり。そして尚も新設道路を作ろうとする馬鹿な国の元老院。維持管理すらできてもいないのに。国の未来を見据えた政策など今の政治に望めはしない。

元々は日本人の精神文化に話しが戻るのではと思ってしまう。低賃金での仕事。帰り難い雰囲気の職場。休暇が取れない。相談できる人がいない。話し合う余地のない従順か退職かの究極の二択。

「正気と狂気が逆転した世界」

ここからは俺が実際に体験したニュースに載らない些細(?)な発注ミスを幾つか。これは設計会社ではなく、発注者側の発注業務中に起こった設計ミスというか発注ミスである。この些細な発注ミスを記すと、逆にニュースに載る大きな発注ミスが当然のように起こるだろうということがわかるはずだ。

これは随分と昔の話だ。都市造成工事の施工管理員として仕事をしたことがあるのだが、これは酷かった。あまりに酷かったから施工管理を請け負った建設コンサルタント会社のただの派遣社員だった俺が、発注者である職員に対して何度か随分な皮肉を言ってしまったこともあるくらいだ。

ここでは信じられない発注が幾つもあった。みなさんに言っても信じないだろうが、造成地内の整地と下水道工事で発注されてから図面をいただき現場を見に行くと、恐ろしいことに図面にある下水道工事箇所には既にマンホールが埋まっていた。まさかと思って蓋を開けて中をのぞくと、上流も下流も管が接続されている。いったいこの発注図はどうなっているのか？　ミステリー小説でもあるまい。俺は工事事務所にある過去の工事の竣工図を片っ端から見た。そこにあるのは我が目を疑う事実。その下水道工事はわずか一年前に終えられていた。一年前に終えられていた工事を再び発注していたのである。

他にも発注の整地箇所を見ても既に前年度請け負った施工会社の機械が入っており、整地を終えかけていた。慌てて事務所に行って発注担当に聞くと、前年度工事に追加工事として発注した分が新年度の発注図面から除かれていなかったのだとか。

慌てて俺は、その事務所の発注した過去の工事記録と完成図を全部集めて、造成区内の工事完了箇所と未施工箇所とが一目でわかる全体図を作った。なんでそんなことを俺がしないといけないのかと思いながら仕方なしにやっていた。本来は発注者が当然やっていなければならない普通が普通にできていないのであるから仕方ない。

他にも下水道工事でのミスは本当にうんざりした。施工業者が新設マンホールの位置を出したから現場にきて確認してくれというので行ってみた。そこで待っていたのが大問題。これもみなさんに話してみても理解してもらえないと思う。施工業者が乗り込んで現場で新たに作るマンホールの位置を測量し、その位置に杭を打ち込んだ。施工業者がその位置を俺に確認してくれというのである。施工会社の現場代理人が言うには「新たなマンホール位置に打った杭の位置は間違いないと思うが、ここだと施行ができませんよ」。俺はその言葉の意味もわからず現場へと向かったのだが、あまりに情けない実態に力が抜けた。新たなマンホールと既設マンホールの間を排水管で結ぶのであるが、既設マンホールの上に俺が立ち新設マンホールの杭の位置を見てみた。なんとそこからは新設マンホールの杭を見ることはできなかった。なぜかと言えば、新設マンホールと既設マンホールのど真ん中に電柱が建っていたのである。俺からしたら「やってくれたな」である。

要するに発注時に既にそこには工事の支障となる電柱が建っており、それを移設しない限りは発注などしてみても工事ができる状態ではなかったのだ。発注者は発注前に現場に支障となるものがあればそれを発注前に移設するか、最悪でも工事が間に合う時期に移設が完了することを担保しておかなければならない。これは発注のイロハのイである。そのイロハのイができていない。

年度末になって電力会社に電柱の移設を頼んでも早々にはやってはくれない。この時も案の定、移設には三ヶ月から四ヶ月必要だと言われた。年度末発注でこれでは工事はストップだ。発注前の現地調査で電柱があることなど当然調べて、発注者が電力会社に頼んでおかなければならない。そんな普通が普通にできていない。

この時はその後の処理も最悪だった。俺は電柱が動かなければやっても仕方ないと主張したのだが、簡単にその意見は却下された。彼らから言われたことは発注した以上は「形だけでもやってくれ」である。その形だけというのをやってみた。本来、排水管はマンホールからマンホールまでを切らすことなく結ぶ。そんなことは当たり前だ。じゃなくちゃ下水が流れない。それを曲げて形だけというので、仕方なく電柱の周囲を残して上流と下流とをつなぐことなく電柱の前後で排水管の頭にキャップをして終えた。これでどうなるかであるが、次年度にここを掘り起こして上流側の菅は全て撤去して下流の上流端から上流側へ再びやり直しするよりない。酷いものである。基本的に誰もそれが「公費」だとか「税金」だとは思っていない。そんなことを考えるより彼らが考えるのはどうやって次の会計検査に体裁を整えようかである。彼らは見ていると毎年のようにそんな発注ミスを普通に繰り返していた。毎回それが重なるとおそらくミスしても罪悪感すらないのであろう。日本が技術立国と呼ばれたのは今は昔のことである。

俺では理解不能な疑問だらけの現場試験

シエラレオネ、ティワイ島。

ここで少し、現場でどんな検査や試験をしているのか？　俺がみても疑問だらけのものを実例として上げてみる。専門知識がなくともわかる内容で記すので読んでみてもらいたい。

橋には様々な構造のものがあるが、鉄でできた橋での不思議な試験を話してみる。ある程度年月が経つと、鉄でできた橋は、鉄の上に塗った塗装が剥げたりするので、塗り直しが必要となる。そんな時はまずは昔塗られた塗装を全部綺麗に剥がしてから、新たに塗り替えとなる。古い塗装を剥がすのには昨今では様々な工法がある。そんな中で俺が赴任した事務所では、古い塗装に塗膜剥離剤といって、古い塗装に液体を塗って化学反応を起こして鉄から塗装を剥がすという方法を用いて施工することになっていた。単に塗膜剥離剤と言っても様々なメーカーから、それぞれ違った成分を使った塗膜除去剤が販売されている。メーカー別にそれぞれ成分が違うので古い塗装との相性にも良し悪しがある。現場では除去する実物の橋で、どこのメーカーの製品と相性が良いのかを調べる必要がある。そこで試験をするのだが、中卒学力しかない馬鹿な俺ではこの試験は全く謎だった。その不思議な試験内容を記す。

まず工事には共通仕様書とか特記仕様書がある。仕様書には工事はどの法律や規則に従ってやるかなどが書かれている。橋の塗り替え工事の場合だと、土木鋼構造物用塗膜剥離剤ガイドラインとかがそれに当たる。ガイドラインを読むと鉄の橋から古い塗装を取り除くために使う剥離剤の使用方法も書いてある。そこには「塗膜剥離剤の製造会社が推奨する塗布方法と塗布量で試験をしてください」とある。この解説内容は当然のことで専門家でなくともわかる範囲の内容だ。メーカー各社の製品は各々成分が違う。製造会社毎に違う液体だから極端に分かりやすく言ったら、あるメーカーの薬品はネバネバで他のメーカーのものはサラサラだったりと構成されている成分が違うから特徴も違う。各々がその成分によって塗る量も適正な量があるから、メーカー各社の推奨する量をメーカーが推奨する方法で塗って試験をしてください、という中卒学歴の俺が読んでもごもっともな解説である。実際に他の発注機関の試験結果をみてもメーカーによって同じ面積に一キロ塗るものから半分の〇・五キロで良いものや〇・七キロのものと様々だ。メーカーはその量で塗ればベストな結果が得られるとしている。内容物の成分も各々に化学反応の仕方も違うのだから、塗布量も違うということだろう。おそらくこれもそこそこには試験をして決めた値だろう。

これを読む限り、試験はこの通り試験をする製品別に違った塗布方法と塗布量で行い各々のベストな結果を得るためにやるものだとばかり思っていた。もちろんベストな結果というのは一回塗って全ての旧塗装が除去できるという結果だ。最初に断っておくがこの除去作業が一回で完結するかしないかで大概の橋で億単位の金額の差が生じる。試験結果が除去作業は一回では足りないから二回必要だとなっただけで億単位の金額の増額となる。また、材料だけでも、例えば一平米当たりの塗布量が〇・一キロ違っただけでも千万円単位の金額の増減が発生する。

そんな特記仕様書を読んでから施行業者が提出した試験の施工計画書を読んだ。すると試験方法が全く違ったから驚いた。施工計画書には試験はどのメーカーの製品でも塗布量は一平米当たり〇・五キログラムと一・〇キログラムのたったの二種類で行うとあるのだ。

俺みたいな馬鹿が考えたものとは大きく違った。俺だとガイドラインの通り一平米当たり〇・五キログラムがベストの材料は、その値を中央値に置いて前後の二割程度の値で試験をするだろう。例えば〇・四と〇・五と〇・六で試験をするということ。一平米当たり〇・七キログラムならば〇・五六と〇・七と〇・八四、一・〇ならば〇・八と一・〇と一・二といった具合に。

施工計画書の試験方法だと、メーカーの推奨値が一平米当たり〇・五と一・〇キログラムのものだけは、各々なんとかその製品のベストとされる値で試験ができるから問題ないが、その製品のベストが〇・七の製品などだと、試験をしてもその製品のベストな試験結果は得られないことになる。そもそもこれが一番の問題であるが、特記仕様書にある製造メーカーの推奨値ではない。工事で一番尊重されるべき特記仕様書と違うことをしようとしている。「これで良いの？」と俺は施工会社にも施工管理員にも発注者にも言ったのだが、案の定の答えが返ってくる。

「他の事務所もこうやっているよ」

でたでた「日本人のあるある」だ。これを出されると会話は終了となる。仕様書の文面など関係ないのだ。俺はなおも「それなら仕様書を変更しろ」「何故仕様書と違うことをやるの？」と……。

これについて当の製造メーカーにも問い合わせたが、製造メーカーも「あぁ高速道路会社さんの試験方法はその二種類でやるのが普通なので その方法で良いですよ」との回答。ムムム……じゃガイドラインって何？　不要じゃん。

この試験には様々な問題が付属して付いてくる。例えばベストが一平米当たり一・〇キログラムの製品に対して行う試験は一・〇の試験だけ。俺が考えたものなら一・〇に対して余裕を持って〇・八と一・二も加えてやる。もしかするとその方法でやれば、一・〇で剥がれ落ちなくても、一・二では剥がれたという可能性も出てくる。いくらメーカー推奨の値と言っても工場で試験した結果と現場とでは様々な条件が違ってくるので、推奨値がその現場のベストとはならないのは当然のこと。だから推奨値を中央値としてその前後で試験をするのが至極当たり前の試験だと俺は思ったのだが、現場ではそうはならなかった。中卒学歴の俺からしたら大卒者のやることはいちいち不思議でならない。

加えての大問題がある。特記仕様書の通りの試験方法だとその材料の最適値はそこそこ実際の最適値の近似値にはなるはず。それに対して施工計画書の試験方法だと一平米当たり〇・五キログラムと一・〇の二種類で判断するという大雑把なものだ。剥離剤という溶液が各社各々の製品の成分が違うにも関わらず、それぞれの最適値での試験はしない。これは工事金額に大きく影響する。小さな橋でも塗装する面積は一万平米とかにもなる。例えば材料が一平米当たり一・〇キロで材料費は二千円だとすると、〇・五キロだと千円だ。これが橋全体だと二千万円と一千万円となり差額が大きい。加えて試験をして一回で除去できない場合は二回の除去作業が必要だとなると、億単位の額の違いが生まれる。だから本来はこの試験などはもっと綿密にやらなければ、ただ単に工事金額が増えるだけだ。アバウトな試験といえばそれを決定している大卒の技術者諸君には失礼かもしれないが、俺からしたら実にアバウトなものだ。結局は再三に渡る俺の抗議も無視されて、

「**他の事務所もこうやっているよ**」

が優先された。結局は試験では一回で古い塗膜を除去できる製品はなく二回の除去作業が

必要となり、工事金額も億単位の増額となった。億単位の増額がこんな試験で決まると知って俺は驚いた。俺はこの時点で「こんな工事に付き合ってられん！」となって建設コンサルタント会社にその日のうちに退職願いを提出。発注者の課長や担当には「俺はこの不思議な仕事から撤退させてもらいます」とメールして、早々にその事務所から撤退した。俺はこういうことに関してはあっさりしている。つまらない仕事はしない。

その後は黙って退職までの間の暇つぶしにとばかりに彼らの試験を見学していた。そしたらその試験でも案の定の結果が待っていた。全く関係ない俺だから失笑できたのであるが、試験に大爆笑だった。全くのインチキ。だから俺は一人で心の中で大爆笑していた。やっぱり辞めて正解だと。

何がインチキかであるが、鉄の橋はその鉄が様々な方向につながっている。また鉄の上にも下にも塗装がされている。例えば一般家屋で考えるとわかりやすい。家の中全部の塗装を塗り替えようとするとどうだろう。天井もあれば壁もあるし床もある。そこに液体を塗るのである。同じ面積に同じ塗料を塗っても床ならばなんとかその塗料も塗ったところに落ち着いているだろう。だがそれが壁になるとどうだろう？　床だと同じところに塗料が留まって付着して塗れたという結果が得られるだろう。それに対して塗る場所が壁だと垂れてくるということはないだろうか？　そして天井ならシタシタと塗ったはじから床に垂れて落ちてくるとか？

そうなんです、実際の橋でやった試験もこれと同じことが起きたのです。鉄の橋を作っている鉄の材料は横にも斜めにも上にも塗るところがあり、例えば一平米当たり〇・五キログラムだと塗れても一・〇だと垂れてくるのです。そこでここでも「日本人のあるある」を彼らはするのです。垂れているのに「試験は無事終了」。細かいことは「見て見ぬふり」だ。笑ってしまうが、垂れている試験などは実際に結果を目視で確認すると、一平米当たり〇・五キログラムでやった箇所も一・〇でやった箇所も剥がれた状態は変わらない。それはそうだ。垂れている量を考えると、実際に塗って効果が発揮されている量などは、〇・五でやった箇所も一・〇でやった箇所もほぼほぼ同量なのだから。それでも彼らは一・〇が〇・五より劣っているという結論は書けないから、一・〇が有効と書くより他ないのだ。

俺がさらに爆笑したのは、垂れているのを指摘しても「垂れない材料はない」と開き直った施工者の見解を黙って認めてしまう点にある。だったら垂れない量はどれだけなのかを技術者として確認するべきなのに、話はそれで終わり。聞かなかったことにして議事が進行してしまう。いったい彼らはこの試験に何を求めていたのだろうか？　あくまでも一平米当たり一・〇キログラムで二回除去作業をするという結果ありきの試験としか思えなかったのだが。

もちろん俺などが試験をしたら垂れた時点で試験を終える。そして塗布する量を少なくしていって垂れない量を探って塗布量を考察するだろう。一・〇が〇・七になるだけで、全国の橋を考えるとその差の〇・三だけでも、億単位のお金の損失となる。

何度も言うがいったいこの国の学問というのはどうなっているのだろう？　これなどは技術者としたら少しは楽しいであろう試験となるはずのものなのだが……。こんなつまらない試験で終えて、なおかつ税金は使いたい放題の工事金額増額となるのだから、呆れ果てても のも言えない。仕事など辞めて家に返ってゲストハウスの親父としている方がよっぽどマシだと思って辞めたが、おそらくそれが正解だったのだと思う。

垂れていることを皆が見てわかっている。垂れているのに量を減らして試験の見直しをしていない。各剥離剤のベストな量で試験をしていない。ベストな量で試験をしていないのにも関わらず一回の塗布ではダメだったと結論している。二回と結論するにしても、それなら一回毎の塗布量の最低値を探る試験はしておらず、なおかつ二回共最大値の一平米当たり一・〇キログラムを塗布量として決定している。俺からしたらこの試験は全部見直しだ。

この考え方が俺のような中卒学歴と大卒学歴の差で、俺ではとても彼らの試験と結論は異次元で理解ができなかった。どうせ除去作業を二回でやるなら二回でやるにはどの量とどの量の組み合わせがベストなのかを俺なら試験のリストに入れる。

もしかすると一平米当たり〇・三キログラムを二回でも除去できる可能性まであるのだが……。というのも剥離剤の試験を見ていると古い塗装は下塗り、中塗り、上塗りと三層構造でできていて、剥離剤を塗布すると上塗りと中塗りが一体となって下塗りから分離して剥がれ落ちる。そうなるから一回の塗布では剥離剤が下塗りまで辿り着かないので、除去作業が二回となる。だったら上塗りと中塗りを除去するのに必要な最小塗布量と、その後残った下塗りが除去できる最小塗布量とを求めれば塗布量の最小値が求められる。そんな試験をしたら塗布量はずっと下がるだろう。とは言っても俺のように学問というものに触れてこなかった人間の考えと理工系の大学まで出てきた人間とでは、根本的なところで思考が違うのだから、俺が意見を言える立場にはない。実際に意見しても全て却下であったから、俺が完全に間違った考えなのだろう。俺の叡智の及ばぬ仕事なので俺はそこから退去した。俺は自分の才能や実力以上のことはしない。

もしこれが自分の家の改築工事だと考えたらどうだろう？　もしあなたが施主さんであれば、一平米当たり〇・一キログラム塗る量が抑えられただけで、百万円単位で工事金額が増えたり減ったりするとしたら？　〇・五と一・〇の二種類だけで試験をしますか？　まぁこれを全国で認めているのですから、皆さんはそれでよしとするのでしょうが、俺はこんな試験結果は認めません。おそらくは長い物には巻かれろ的な「日本人あるある」のみなさんはそれを認めると言うことなのでしょう。これができるのは使える税金は全部自分のもので、その税金は使いたい放題という感覚がある人だけだと俺は思う。

こんな試験もそうだが、例の外環道陥没事件で高速道路会社は発表箇所以外にも道路の陥没があったのだが、そんなところを当の道路管理者の許可も得ずにこっそりと勝手に埋めて知らんぷりしていたりと、この組織はなんでも都合の悪いことは闇の中だ。この組織という か俺が嫌う日本人はどこの企業・役所も似たり寄ったりのことをやっている。これから仕事に就く若者に俺は言っておくが「それが日本の職場の正義だ。それを受けれない限りは組織から除外される。俺のような一匹狼は辛いぞ」。

俺は何度も言うが、莫大な予算をかけて道路を作る、その維持費も莫大。それはそうだ、こんなお金の使われ方ではコストが掛かるばかりだ。日本はこれだけ小さな島国であるにも関わらず、これでもかというくらいに便利さを追求して縦横無尽に高速道路が走る。しかし、その結果はどうだろう？　労働者はいつまでも低賃金で、もはや他国から出稼ぎにも来てもらえるだけの賃金も払えず、逆に日本人が外国へ出稼ぎに行く時代となってしまった。みなさん、道路で富はえられましたか？　まさかとは思いますが、将来の借金だけ残った？　これからも道路関連に湯水の如くお金を費やして行くのですか？　確かに雇用対策としては良いでしょうが、いつまでもそんな雇用対策が可能なのですか？　本来使うべき教育・医療・

福祉にお金が回っていますか？　少子高齢化による人口減少。さらに膨らむインフラ投資による将来への借金の加算。若者の自動車離れ。空飛ぶ自動車の出現。みなさん、未来の国の形が見えていますか？　みなさん、

「**その道路本当に必要ですか？**」

俺でも百億円単位の予算節減可能なのに

アメリカ・カリフォルニア、ジョンミューアトレイル　その2。

俺は問題点を上げるばかりではない。これまでも実際に違法残業にもメスを入れた。安全朝礼すらしていない現場にそれを取り入れた。パワハラも訴えた。違法解雇もやられたままでは終わらせなかった。良し悪しは別として何でも解決法はあると思うのが俺だ。まぁ俺の場合は協調性など全くないから誰もそれに従わないが。やり方はいつもプーチン、習近平、トランプスタイルだ。「てめえらヤレ！」で終わり。

ここで取り上げた学生アルバイトレベルの施工管理員に支払うお金の節約など年間に数十億は簡単に節約ができる。こんな学生アルバイト並みの仕事に、一人当たり月額百万円以上支払わない方法が確実にある。

そもそも発注する建設工事を行う工事事務所での施工管理員は、やることの多くの時間を出来の悪い設計会社から届く発注図面の照査と積算業務に費やすことになる。建設後の維持管理を行う管理事務所では積算業務の比率は若干落ちるが、やはり発注までにやることといったらこの積算業務である。いわば建設コンサルタント会社が揃える施工管理員は、積算業務等の発注前と発注後の工事の変更業務に関わる積算等で、ほとんどの時間を費やしていることになる。現場の立ち会い業務はさほど多くなく、特にそれらは、今後は事務所にいながらにして遠隔操作での現場映像確認でできるようになる。実際今まで俺はその業務に就いての経験だが、新設道路を造る工事事務所以外で既に出来上がってしまった道路の維持管理業務の施工管理員として赴任した時は、仕事時間の半分以上は遊んでいた。俺などは新人の施工管理員でもないのだから、他の人が一日で終える仕事を半日で終えてしまい、後は遊べるといった具合だ。工事など発注してしまえば現場の立ち会いなどそう多くはない。はっきり言って暇だ。高速道路ではなく造成工事の施工管理員の場合だと、俺の経験では一週間に一度程度の現場立ち会いで、それもわずか十分程度のものだったことすらある。施行業者が決まって現場がスタートする前などは全くやることがないことなどザラだ。トータルすると俺の場合は仕事の半分以上は遊んでいた。

さて、メインとなる積算業務に話を戻そう。積算業務をするには、まず工事の施工手順を理解しないと工事金額の算出などできるわけがない。そこで工事手順すら理解できない素人軍団では最初から手も足も出ないという状態に陥ってしまうのである。それに加えて積算のルールがある。素人がサッときてサッとできるものではない。工事金額を算出するのだからその工事に対して材料は何が必要か？　工事をするのにはどのような工事機械が必要か？　その機械を動かすのにはどういった運転手が必要なのか？　補助作業員は必要か？　材料はどうやって運搬するのか？　それに関わる人員は何人必要か？　その作業には一班当たり何人必要か？　何日間必要か？　産業廃棄物は出ないのか？　排出された産業廃棄物の処分はどうするのか？　等々、工事に対する様々なことを理解したうえでないと工事金額など算出できるわけがない。そんな業務に平気で建設コンサルタント会社は素人軍団を配置するのだからどうにもならない。

その結果が前述の通りで技能不足による交代となる。それを延々と毎年のように繰り返すのが日本人の日本人たる所以である。誰もそれを正そうとはしない。そして笑えることに、どこかの事務所で追い出された技能不足の人間も、他の事務所に移りさえすれば再雇用となる。そしてまた同じことを繰り返す。北海道、東北、関東、新潟、東京、名古屋、金沢、関西、中国、四国、九州など行き先はどこにでもある。建設コンサルタント会社にしてみたら派遣したどこかの事務所で「技能不足」とされ追い出された人でも、他の地域の違う事務所に前歴など知られずに配置転換してしまえる。俺も他の管理事務所で交代させられた人と他の事務所で数ヶ月後に再会したなんてことが何度かある。

こんなバカげたことをしているのに誰もそれを改善しようとしていない。はっきりいってこれは排除できることである。建設コンサルタント会社の人を使わないシステムを構築すればよいはずなのだ。それには積算業務を建設コンサルタント会社から取り上げてしまえばお互いが丸く収まる。俺もずっと積算業務をやってきたのであるが、工事を理解している俺でさえも積算のミスは多々ある。そして工種が変わればまた一から学びなおしてやらざるを得ない。しかし、同じ工種であれば話しは別である。

たまたま俺は橋梁補強工事の積算業務を一年間通して行った経験がある。おおむね施工規模が同じ三つの発注工事だったが、最初の工事の積算が約三ヶ月間かかった。次の工事が二ヶ月間。最後が一ヶ月間。この結果で誰もがわかるかと思うが、要するに同じ工種の重なる積算であれば誰でも慣れて早く積算ができるようになるということである。中卒学歴の俺でもだ。だったら?と俺が言えば、次に俺が何を言い出すのかは誰でもわかると思う。

その通りで発注者が自ら積算だけを行う部を作って、積算だけをその部署に専属でやらせれば間違いのない積算が短期間でできるのである。間違いのないと書いたが、現在は各々の事務所で施工管理員が積算業務をしているのであるが、これが笑えるほど間違った積算をしている例が多い。それはそうだろう。やっている本人が土木の「ド」の字もわからない。素人軍団がまともにできるわけがない。そんなことは現場の誰しも知っている。

事実として以前に俺が赴いた事務所で、既に発注された工事の積算をチェックしてくれと言われてみたのであるが、はっきりいって「素人がやればこんな積算になるのか」と驚いた。例えば□□県の工事の積算で材料価格が他県の標準価格が入っていたり、道路側溝を算出するのには最低限盛り土部と切り土部とで分けるのだが、それすらしていなかったり。素人ではわからないので補足すると、切土といって現状の地盤を掘って道路構造物を作るのであれば、「掘る」という作業が必要となるが、盛り土をする個所では土を盛りながら造成するのであるから、掘らずに徐々に盛り上げた土の上に構造物を置けば、「掘る」という作業は必要なくなる。だから盛り土部と切土部とでは「掘る」という行為がなくなる盛り土部のほうが安くできる。さらに切土部では掘った土を処分する必要も出てくるので、大概は盛り土部より価格が上がる。積算では、まず構造物を盛り土部と切土部とに数量をわけてから積算に移る。これって常識。これが素人軍団の場合、それすらもできていない。だから全部が一様に掘削するとした高い切土部価格で積算しているなんて状態である。

そんな内容をチェックしていくと積算の違算金額もばかにならないほどの額になる。そしてこの違算が問題で、例えば一億円の工事金額となるはずの工事を、違算により一億一千万円が工事予定金額だとして入札したとしよう。その場合一億五百万円の応札業者がいたら契約が成立してしまう。そして九千五百万円くらいで応札した業者が次席となってしまい、受注から外れる。本来は失格となったはずの一億五百万円で応札した業者が受注して、本来は受注できていたはずの業者が受注を逃す。またその逆もある。違算により一億円の工事予定金額を九千万円とした場合などは、本来落札業者となったはずの九千五百万円で応札した施工業者が失格となる。こんな一大事を素人軍団がやっているなんて知っている方は少ないかとは思うが、事実は小説よりも奇なりという世の中で、不思議議である。

問題は積算の違算だけではなく、俺に違算だと付箋をたくさん付けられて突き返された積算根拠。本来ならその違算額を算出して、間違えて積算した金額を発注者に報告しなければいけない。これは請け負っている者からしたら最低限の義務だ。しかしその時は俺から返された付箋だらけの積算根拠から違算額の算出などせず、そのまま放置であった。酷いものである。発注者がこれをされると後々困ることになる。会計検査院検査時に突然指摘でもされたら真っ青になる。そもそも俺に付箋をページ毎に付けられるような積算根拠を受領している発注者が悪いのだから仕方ないが。発注者側にはそれだけ人材が不足しているという良い例にはなるが、国民としたらうんざりする事例だ。

応札する施工業者としたらやってられない。以前の俺のように談合組織で応札する場合は役人が落札価格を教えてくれたこともあり、積算などしなくとも良かったのだが、今ではそうもいかない。積算をして応札をする。その積算には多額の費用がかかる。前述した通りで俺がやっても三ヶ月から一ヶ月と一人で月単位の人件費が必要だ。そこまでして積算をしてもこんな違算で受注を逃したらたまらない。

違算の実際の例を出してみよう。

積算ミスがあったのは、企業局施設整備センターが発注した「船橋給水場1号配水池耐震補強工事」。四社が応札した。そのうちの一社が落札候補一位となったが、低入札であり、応札した会社がその後低入札に関する調査書類を提出しないとしたので失格となった。そこで落札候補二位である会社を落札業者として契約。しかしその後発注者側の積算ミスが発覚。積算ミスがなければ落札候補第一位の業者は低入札とはならず、提出書類も不要の通常の落札として落札者となっていたのだ。結果として契約が決まった落札候補二位の業者とも協議し契約を解除したというもの。入札とは少しの金額の差が大きくものをいう。

工事金額という大切な部分を素人軍団に頼むより、自前でやることのほうがずっとメリットがある。それはどういうことかというと素人軍団に頼むことによって、その技量の違いが並外れて大きいことから同じ工事を発注するのでも金額差が出てしまう。ここに示した違算事例をみてわかる通り、積算をするには工事の内容と工程を理解していなければどの工種にどれだけの期間がかかるのかわからない。これを理解してやるにはやはり素人軍団では無理なのだ。これを一極集中することでこの問題は解消できる。全国的に同一種の工事金額を横一列に並べてみるのだから違算を軽減できる。

建設コンサルタント会社や自社の多くの職員が関わる現状の体制では、発注までにその発注予定金額が外に漏洩しやすく汚職の温床となるが、組織をコンパクトにすることでそれも解消できる。そもそも不思議なのはこの機密漏洩である。ある事務所では金額の元となる積算根拠までは施工管理員が作るのであるが、以前に入札価格の漏えい事件があり、今では金額を決める最終的なパソコンへのシステム入力は、別室にて鍵を持った特定の人でしかできない。これはコンプライアンスの観点からも正解である。しかし他の事務所ではそれが施工管理員でもパソコン入力ができてしまう。事務所によってコンプライアンスが全く違うというのもおかしなものだ。

このコンプライアンスという点でも積算室を設けることには大きな意味が生まれる。積算は何も発注時だけではない。工事を行っていくうえで工法変更というものがたいがいの工事で発生する。これも発生するのは良いことではないのであるが、事業者は変更ありきで発注しているのが現実である。そうした場合にその変更額を算出しなければならないから、ここでも積算が必要となる。そしてここが大問題である。俺も多くの事務所で体験してきたが、ここで発注者と施工業者とが変更額の価格協議をする。そこで違法に積算額を上げて変更契約をするというケースが後を絶たない。

不正の実例を上げて少し説明をしよう。

これは中日本高速道路株式会社で実際にあった信じられない事件である。「E20中央道を跨ぐ橋梁の耐震補強工事施工不良」である。これは橋梁の施工不良で、鉄筋コンクリート構造物の中に入っているはずの鉄筋が入ってなかったというもの。事件としてずいぶんと世間をお騒がせしたので覚えておられる方もいるのではないかと思う。しかし、このような事件であっても、事件のその後については知らない人が多いのではないだろうか。このような事件ではその後こそが重要で、ネットを検索すると「E20中央道を跨ぐ橋梁の耐震補強工事施工不良に関する調査委員会報告書」というものが存在するので、その中の重要なところだけをピックアップしてみる。

俺の場合、事件の要約も雑であるが、要するに事件としては質の悪い施工業者が受注したことで現場がまともではなく、そのことで検査に行く施工管理員と施工業者との間で喧嘩となって、施工業者が地元の政治家を動かして政治家↓国交省↓高速道路会社という連絡網を通して、工事を監督する施工管理員をその現場から外したというのだ。いやはやなんとも日本的な。その結果は質の悪い施工業者がやりたい放題で、鉄筋も入れないでコンクリートを打設して構造物を完成させたが、完成後すぐにコンクリートが割れてきたことで事件が発覚した、という情けない経緯で世に出たという事件。

途中で俺の大嫌いな政治家が出てきたので、こういうのを俗に「政治案件」というのだが、そうした場合は誰もそれに触れないようにしてしまう。だから事件となりやすい。さて問題は政治案件ではなくこの後である。この不正についての報告書があるのだが、その中身にびっくりである。最終的に約十三億二千九百万円の契約金額となったのだが、第三者委員会が調べてみると、その内の四億一千九百万円が余分な金額であるというもの。内容は会社のルールに反した積算や検測数量に相違があるとか。

これもざっくりと言ってしまうと、要するに九億円支払えば良いところを、高速道路会社が意図的にわざわざ金額を四億円以上増額して、十三億円以上もこの不良業者にお手盛りをして支払いをしていたということである。「政治案件」恐るべし。

実はこの工事では当初受注時の契約金額が六億円程度であったものが、最終的に工法変更の繰り返しにより十三億円を超えている。そしてこの事件の報告書をみると十三億円強の工事代金の内、実に四億円を超える額が積算ルールに違反したいわば施工会社へのお手盛りとなる工事金額の増額なのである。いやはやなんとも。俺も積算をずいぶんと長くやっていて、発注者と施工業者間の最終協議で理由が付かない違法な増額変更というものを若干は見てきているが、そんな俺でも九億円のものを十三億円にはいかなる方法を駆使しても無理な増額変更であるから、驚いたというよりはついにここまできたかというように呆れてしまった。積算をやっている人が誰でもこの報告書には目を疑っただろう。報告書にはその違法なやり方にも触れているが、それを読んでみてもこれだけの増額変更はあり得ないことで驚いたとしか出る言葉もない。こんな報告書が出ても日本では特段変化もなし。日本は平和である。よく考えろ。これはどういうことになるか。これって凄いことで、高速道路会社くらいの会社の予算規模で考えると例えば彼らに工事予算として国が九千億円予算をつけてやったら高速道路会社の課長、所長、支社長あたりの裁量で施工業者に四千億円お手盛りして一兆三千億円にさせることも可能だということを証明しているのだ。

「正気と狂気が逆転した世界」

今回は施工不良ということで、事件となったからたまたま表に出た事案でこの有様だから、全国規模ではいったいどれほどのお手盛りが高速道路会社から施工業者に行われているのか？　そんな資金の流れを探ると恐ろしいからやめた方が良いのであろうがゾッとする。

事件はそのくらいにして、要するに何を俺が言いたいのかであるが、これらの増額変更は事務所の担当や支社の担当レベルの自由裁量で事実できてしまっているということなのだ。このようなことは普通にどこの発注機関でもあることだ。恐らくはどこの発注機関でも突くと出てくる問題だ。ここまで酷いものでなくとも。少し例を挙げるとこんな感じに。

大阪府の堺市の配水管敷設工事で当初受注者と夜間施工で契約していたのだが、地元住民から夜間の騒音問題を取り上げられたことから工事を昼間に変更した。この場合は当然人件費が夜間作業から昼間作業へと変わることで減らされる。施工業者は減額変更を嫌がり、市の担当者と協議したのだが、そこで担当が折れて施工業者の要望通りにお手盛りをした上で口止めまでして決済した。この工事では現場に騒音の苦情を申し立てていた市民一人を、業者はホテルを自前で用意して苦情対策をしていた。これらの一連の事項が公正性や公平性に欠けるとして指摘されている。

まぁ大概の発注者や施工業者がどこも同じで、市民からの苦情にびくついて、政治家にびくついて、裏に裏にと動き出す。発注者は業者から苦情を言われるとビビって、税金がこんなことに使い放題だ。元々これらの人たちは公平性などというものは最初から持ち合わせていない。大事なのは自分の立場。

俺も発注者から最終の精算金額を上げてくれなどと言われて何度か悪事を働いた。見積りを取るのに知り合いのメーカーに金額を調整してもらったり、現場の交通整理員の人数を誤魔化したり。こんなことはやりすぎるとどこでどれだけ不正をしたかなど忘れてしまう。施工業者にいたときは逆に役所の人間から設計変更となるとめんどくさいから、交通整理員の人数で調整させてくれなんて依頼もあった。こんなことが個人のレベルでいとも簡単にできてしまうから恐ろしい。

ここで話が前述の「積算室を設けて金額については一極集中で処理する」につながってい

く。積算室を設けて金額については一極集中で処理することでこのような事件がなくなる。全国一律で積算や変更金額の取り決めをする部署を設ければ、嫌でも他と違った「お手盛り」増額はなくせる。ゼネコンの支社長レベルが金額交渉に発注者の支社長クラスと会ってお手盛りをしてもらったなどというよくある嫌な噂話もなくせる「可能性」はある。

大事なのは現場での発注者と受注者各々の担当レベルでの価格交渉をなくすことだ。現場は工事の品質管理・工程管理・安全管理に特化すれば良い。価格交渉は受注者と発注者とでその間に「感情」をなくし第三者がやることが好ましい。実際にここまで不正の温床となっているのにも関わらず、何もしないのはどうかと思う。

次に予算が相当節約できることは明白だ。事務所での積算業務要員が不要となる。事務所では現場の施工管理業務に集中できると同時に、遠隔臨場システム等を使用することで現在十人の施工管理員を二人程度まで減員可能となり、一つの案件で大雑把に年間一億円からの予算削減となる。全国では簡単に百億円規模の節約となる。将来的には積算室の業務をＡＩ化することで相当数の予算の削除が可能となり、人手不足からの脱却が可能。さらにさらに将来的には現場の施工管理は本社だけでＡＩと現場に設置したカメラとを連携させることによって人手が不要となるはずだ。そうすれば少人数の自社の技術者を集中的に教育できる。それら教育された少人数の技術者を肝心な施工現場の監理監督へ注力させれば良い。これは間違いない。間違いないのだが、誰もやらない。思い切って五年後には積算室の設置と合わせて、現場は遠隔システムとＡＩにより施工管理員を廃止するとすれば、昨今の技術で容易に可能なことだと思うのは、おそらくこの還暦を過ぎたお爺ちゃんだけだろう。みんな既得権益を守るに必死だ。そのために皆は汚いことを平気でやる。改革はしない。どうせ国民が支払う税金だから使えるものは使え、高速道路料金も次世紀まで有料になったから金は使い放題というのがこの日本だ。

俺からしたら今の施工管理員不足は人材不足でも人手不足でもどちらでもない。ただ単に毎年百億円規模の大金を無駄使いにして、不要な人員を雇用対策として使っている組織の怠慢でしかない。国民目線で見たらこんな建設コンサルタント会社から派遣される不要な人材は無駄であるから削除すべき予算だ。きっとそういうと「それはできません」と再び既得権益を叫ぶのだろうが、実際に在籍した俺からしても不要なのだから不要だ。積算室と遠隔操作で解決することで、その部分に人員を費やす必要性が認められない。

積算には実際の現場状況がわからないと積算ができないから、各々発注する事務所で積算を行うなどという反論は現代では通じない。事実として俺でも現場を見ずにパソコンだけで発注図作成と積算を行ったことがある。高速道路会社だと独自に路線をグーグルマップ同様に自動車から撮影された映像がシステム化されている。それを見れば、例えば既設のガードレールがどの種類のものか一目瞭然で、支柱の間隔は何メートルなのかを測り出す機能まで付いている。いちいち発注前に道路の交通規制をかけて現地を測らなくとも現況を把握できる。だから本社で積算するのも各々の事務所で積算をするのも同じである。それでもその映像で確認できない場合もあるだろうと反論するのなら、その場合だけ各々の事務所担当に測ってもらい結果を知らせてもらえば良いだけで、何も現場の増員など不要だ。

ここでそれ以上の節約の方法を教えよう。俺は元々発注者がコソコソと事務所で積算して工事を発注する必要など不要だと考えている。公共事業なのだ堂々と予算を全部最初から公表してやるべきなのだ。俺が思うにネットに公開して、次回の工事は土工時はこれこれこれだけの項目あって数量はこれだけあります。橋梁工事はこれこれこれだけあって数量はこれだけです。舗装工事はこれこれこれだけあって数量はこれだけあります。全てをこうやって発注者の基本金額を入れて公開して、見積もりが必要な項目だけ空欄にして、そこを製造会社や施工会社に公開で各々の見積もり金額を入れてもらい、その平均値を取るとか、または発注者の思惑でこれを選びますとして、その選ぶ明確な理由を書いて公表して工事の総金額を決定して、決定を終えたら数日後の入札時間に一斉に施工業者から応札させれば済むのだと思う。応札金額に施工業者の過去実績やら技術者の絶対数の有無だとか配置される技術者の実績などをポイント化して加算すれば、オープンに入札した方が合理的だ。公共事業費を国民の前でオープンにして入札することが何故いけないのだろうか？　コソコソとやってジャブジャブとお金ばかりかけて不正ばかりじゃないか？　オープンにすれば年間百億単位のお金が節約できるのに何故それをしない？　俺のような中卒学歴のバカが考えてもこれだけの節約ができることを何故日本国の頭のよろしい方々は行わない？　何か都合が悪いのだろうがそれが何か？　俺にはわからない。設計図書ごとオープンにしてしまえばその設計図書を見た他の設計者が設計の不備などを指摘してくれるかもしれない。そうすることで設計ミスも軽減できるとすれば尚更オープンにすべきだ。日本人は設計図書にミスなど見つけたものなら大騒ぎとなろうが、ここでは見つけた人には報奨金を与えるとしたら、当初の設計ミスもありがたがられるし、ゲーム感覚で設計に全国民が参加もできる。昨今の設計図書など俺のようなバカが見ても間違いだらけなのだから。今まで何故オープンにできなかった？今の元老院がやっているのだから当たり前と言えば当たり前なのだが……。まぁ今までの土木予算は俺を月額百万円で雇って海外旅行をさせるために必要な資金だったとポジティブに理解しておけば俺は満足なのだが、それで国民は納得するのだろうか？

最近は老朽化という名目でお金が使いたい放題。俺からしたらなんでこれを公費で補修するのか？なんてのが多々ある。俺ならこんなことに金など払わないではなく支出は認めないが正解か。寛容な日本人は支払いには無頓着だ。こんなことも改善すれば同じく百億円規模での節約など簡単だ。

自ら悪い物を造っておいてその改修費用を何故我々国民が負担するのか？

まず高速道路の補修ではなく最初の建設時でどれだけの費用が掛かっているかである。日本の高速道路建設は世界的にも一番高い。理由は地震対策、山間部のトンネルと橋、軟弱地盤対策、寒冷地対策と高額になる要素の全てを負っているのが日本の高速道路である。その結果一キロ当たり五十億円ほどコストが掛かっている。それを踏まえて次へ。

中国道の吹田ジャンクションから中国池田インターまで、間等五百五十キロ区間で一兆三千億円で現在大規模修理実施中。このコストは建設費の約半分。阪神高速道路が損傷著しい二十二キロ二千億円の更新事業追加。これなど一キロ当たり九十億円と建設費の倍とは言わないがそれに近い費用がかかるとある。

道路建設が好きなみなさん、「狭い日本そんなに急いでどこへ行く？」

「その道路本当に必要ですか？」

ずっとこんな借金がこの先ずっと必要だ。少子高齢化社会で誰がこれらを支払う？　少なくとも俺じゃないことに今は感謝感謝。

建設費が一キロ五十億。その五十億の内十四億は用地所得のためであるから実質建設費は三十六億。阪神高速道路は補修費が一キロ九十億。その他の高速道路でも建設費の半額くらいが投入される。建設時は工事以外の事業用地の所得など必要だからまだしも、それらが不要な補修工事でこれだけとなると、工事だけを考えると建設時より補修時の方が遥かに高い金額となるのであろう？　補修は悪いことに数十年間隔で再び行わなければいけないから。俺の頭じゃよくわからんが。作業員を探すことさえ困難な時代。技術者不在の現場。これらにより益々施工費用は高騰する。恐らくは今現在要求されている一兆三千億円が最終的に二兆円に、二千億円は三千億円になっても不思議ではない。おそらくそうなるだろう。これに国民は耐えられるだろうか？　道路とはすなわち将来の大借金なのだ。

さてさて、みなさんはここまでのお金の話題に目がいくだろうが、俺はここからだ。日本人の平和なのはここだ。確かに最初に「良い道路」というか「まともな道路」を造ってあって、それが老朽化で使えなくなったというならまだわかる。実際問題、俺がどんなところを補修するのかとネットのニュースの補修箇所とやらの写真を見ると、実にお粗末で俺からしたら公費で補修に値しない。

なぜなら建設当初から施工不良のものとか、維持管理中に手を加えていたらそこまでならんかったやろ?というものまで全て上手く入れ込んである。うるさい俺だったら、「こんな施工不良の補修は、初めから受け取ったお前らが悪いからお前らの予算で直せ。あと維持管理が今までようできとらんかったから補修が早まったのもお前らの予算で直せ」である。これは日本人の常識ではなく俺の常識から考えるとすごく真っ当な意見だ。日本人は直ぐにハイハイと言って補修しましょう。お金もどうぞご自由にと認めるが俺なら認めん。自分達に非があるなら自分達で直すべきだ。当たり前やろ?

俺も全国の橋梁の床版を下から見上げてきたが、鉄筋が全くコンクリートに覆われていなくて表面に鉄筋が剥き出しになっているようなのをよく見かけた。これは明らかに当初建設時の施工不良である。こういった単純にわかるものから、調べなければわからないものまで施工不良は様々であるが、問題はこういった施工不良の構造物までも同一目線で、「老朽化による補修」としている点は問題だ。

基本的にゼネコンが造った悪いものであろうと、それを自分たちの検査で合格として受け取っているのである。だったら高速道路会社が自前で補修するべきだと「普通」にそう判断する。どうやら俺の常識と日本の国民の常識はかけ離れているようなのだが。高速道路会社が「これだけお金が欲しい」と言えばその通りの支出をするのであるからお笑いだ。

田中角栄さんから続く土建国家は末恐ろしいとしか言えない。本来ならこれは高速道路会社が利益を上げているのであるから、その中から自前でやってくださいと一言言えばすむ話である。そうすることで今後の高速道路会社の無駄な支出の抑止力ともなる。これまでは高速道路会社が「これだけお金が欲しい」に対して無条件で支出をしていたものにメスを入れると彼らだって馬鹿ではない。自前で直すならどこかを節約しようという気にもなるだろう。また最初から変なものを造らなくなる。それを徹底的にやらないものだから、高速道路会社の誰もが税金は使い放題にあるものだと認識をしてしまうのである。その結果が施工業者へのお手盛りともなる。会社の利益とか損益を考え出したら、愚かにも一つの工事で数億円単位などというお手盛りなどしないはずだ。大切なのは少なくとも民間会社なのであるから社員の意識にある「お金は使い放題」を「不良品を受け取った場合は自腹で補修しなければいけない」という方向に意識を変えさせること。

これまでも現場で悪い構造物が造られて、それを「見て見ぬふり」でやり過ごし、既に完了して人々が使っている社会のインフラは相当数ある。それは既に目で見てわかる状態となって現れている。古い高速道路などをみるとコンリートの中に入っていなければならない鉄筋が入っていないとか、その鉄筋を覆うコンクリートの被りが十分ではなく、表面のコンクリートが剥がれて鉄筋が剥き出しになっているところはざらにある。そんな不良構造物がどれだけあるか？　俺などは高速道路を造る仕事をしておきながら高速道路はあまり利用しないので、高速道路の安全性など問題とはしないが、利用客は不安ではなかろうか？　そしてそんな不良構造物を自ら作っておきながら「大規模更新工事」などと称して莫大な税金と高速道路の利用料金を使って自作自演の商売として成り立っている。そこに土建国家の恐ろしさがあるのだが誰もが「見て見ぬふり」だ。

こうして公益性の高い企業からお金を支出させれば、社会全体で使えるお金が増えるのである。お人好しな日本人は土建業界からすればありがたい。本当に土建屋に使うお金に寛容な民族である。真の政治家であれば税金を使わないために彼らからお金をぶんどってくるくらいでないといけない。彼らは毎年きちんと利益を上げているのだから、その利益の全てを補修に当てさせるだけにはしなければいけない。国民目線から見て当然だ。それが政治家の我儘な自分可愛さの「清き一票」とやらのため、土建屋を敵に回して大太刀回りを演じられないのが情けない。

節約など考えるといくらでもできる。「やる気があれば」ただこの日本人たちに不足しているのはその「やる気」。全てにおいて最初から限界を決めてしまってやろうとしないし、改革とはすなわち既得権益を奪うことだと考えて誰もそこへと踏み込まない。社会全体を考えるのではなくあくまでも自分の利益優先だ。俺みたいに仕事を失ってもという気概は誰もない。

「奇妙な年度末」という制度。

中部国際空港関連では建設時から毎年のように談合情報が表に出てくる。これは既に二十世紀から延々と続けられている。俺からしたらその談合組織が空港滑走路より盤石な基盤を維持していることに恐れ入る次第。これは受注者同士でなくとも官製談合も盛んなようなのでご立派な組織である。この談合が発覚したのは中部地整名古屋港湾事務所の元所長が受注業者と共に逮捕されたためである。

内容を細かく書いても退屈なのでザックリと。年度予算として確保した百二十億円がその年度で消化できなかった。その額百十九億円。この繰越も可笑しな話しだが、繰り越しの有効期限は翌年だけというルールらしい。だから翌年には是が非でも使わねば予算削減だ。そこで全国共通の悪癖で俺が一番嫌いな「予算消化の厳命」となる。

今回の場合はその予算消化という至上命令が果たされない可能性が大きかったようで、結局中部地整名古屋港湾事務所の元所長は、本来発注が決まったらその施工業者がやるべき石材の確保を発注に先行して発注者が自ら行うこととした。ただ、その場合でもその石材確保に誰かが応札して無事契約となるのかも不安だったため、発注者が入札情報を石材屋に漏らして受注させたというもの。また入札条件もその業者以外が受注できない条件を付けていたにも関わらず一般競争入札を強行といういやはやなんとも言えない事件。さらに言えば「予算消化のために不正がある」という内部告発まであったのだが、それも無視。

この談合も年度末予算の消化問題も前々から問題になっているにも関わらずお国は誰もタッチしない。何か自分達に都合の悪いことでもあるのだろう。無駄な予算を毎年のように年度末消化という理由で垂れ流しである。予算が使いきれるかどうかなど年度の中間以前にわかる話なのだから、年度の中間点で確実に消化できる予算を上げて、余った予算は特に必要とされる部署に重点的に配分すべき。年度当初に各省庁や自治体で奪いあってとった予算を死守せよ、なんて馬鹿なことをいつまでやっているのやら。この国の元老院たちに言っても仕方ないが。こんなお馬鹿なことをこの国では有史以来ずっとしているのには中卒学力のこのお爺ちゃんでさえもほとほと呆れてしまう。予算を消化した部長は「エリート」でできなかったら「問題児」そんな評価しかこの国のお利口さんたちはできない。俺からしたら、政治家は自分達がもらっている給料の千倍くらい毎年節約して見せろと言いたい。

さてさてそんな元老院の批判をするのにページを割いては勿体ない。年度末の弊害について書くことにしよう。

結論から言うと年度末を三月にして土木工事など論外。その論外をずっとしているのがこの日本。俺の田舎のことを例にする。俺の住む地域では最悪時には真冬の早朝氷点下十五度という劣悪な環境下でコンクリート構造物を作ってきていた。作られた当初から耐久性の高いまともな構造物など望めるはずもない。そして悪いことにその時期にコンクリートを打設するために現場全体をヒーターで温めたり、コンクリートには寒冷地用として様々な材料を加えたりと余分なコストが必要となる。造られた時点で不良物件だ。これが年度末三月の弊害だ。馬鹿げている。暖かくなってから工事をすれば良いコンクリートが安く打設できるのに、わざわざ真冬にコストをかけて不良物件を造るのだから。一体我が国の元老院は何をしている？

随分と昔になるが小中学校の校舎の新築工事をした。年度末の竣工物件。止せば良いのに夏から基礎工事をすれば建物自体のコンクリートを打設するのは十二月から一月。真冬にコンクリートを打設したのであるが、ヒーターで温められるのは、せいぜい学校でいったら教室に当たる内部だけで、各階を打設するたびに、その上の階の床となったり、最終的に屋上となったりする床の表面は野ざらし。校舎全体を覆うような仮設はしない。野天のまま打設されたコンクリートは固まらずに、一昼夜氷点下十度とか十五度の野外にさらされることとなる。これではコンクリートなどまともに硬化などするものではない。実際にどうなるかであるが、コンクリートを打設した翌朝に屋上に行けば、コンクリートの表面に浮き出た水分が凍結していてスケートリンクとなっている。これが昼頃に解けると笑える話ではあるが、この時点で再び表面を金ゴテで仕上げることができた。「コンクリート凍結金ゴテ押え」なんて新工法の誕生である。こんなコンクリートでもその後小中学校では「安全・安心な建物」だとして使ってくれてはいるが、こんなのは年度末という概念を政治家も役人も頭から外して「適正で国民のためになる予算の執行」という本来あるべき根本的に正しい行いをすれば解決できるはず。俺など中卒学歴が考えても、どうせお金を使って校舎を建てるなら真冬に工事はせずに春から開始すれば長持ちする健全な建物ができる。と普通に考えるが、有名大学を卒業して脳みその中身もこのお爺ちゃんと比べて遥かに高いＩＱを持った人たちがそろっても改革はできないのだから、この世の中はこのお爺ちゃんから、

「**正気と狂気が逆転した世界**」

だと言われても仕方ないだろう。年度末と予算の消化が問題となっていることは誰もが知っている。それでもそれに手を付けずに延々と過去を踏襲する。こんな政治にいったい誰が関心など持つのだろう。少なくとも俺は元老院政治には一票も投じない。

ちなみにこの時コンクリート打設以降の作業が大笑いだった。一ヶ月後にコンクリート打

設のために組み立てた型枠を解体するのだが、コンクリートに型枠が凍り付いていて剥がれないのである。これには困った。結局ガスバーナーを持ってきてコンクリートと型枠の間に火を入れながら、型枠解体というか型枠を焦がしながら凍ったコンクリートから引き剥がした。

俺の住むエリアでは工事の発注を真冬までにして、工事開始を三月中旬、工期末を十二月にすれば真冬に施行するものよりずっと良い構造物も良い舗装道路も作れる。今の年度末では工事は価格が高くて、品質は悪くて、作業性が悪い。最悪な三拍子の揃い踏みである。これを国をあげてやるのは馬鹿らしい。「日本人のあるある」決められたことは曲げられない。年度末は変えられない。

今までは一番良い施行時期である春に公共事業が回っていなかった。春からスタートして真冬の工事をなくすだけでコンクリートに不要な凍結対策も不要だし、現場で寒冷地用の養生も不要。今までのような真冬の施工では国の損失は数十兆円もの規模になっているはずだ。だってそうだろう、こうして一番悪い時期に余分なお金をかけて悪い構造物を作り続けて来たのだから。

俺の住むエリアなどは、どう考えても年度末を三月から十二月にするだけで良いものがそれも安くできる。春の作業最適時に公共事業が少ないという馬鹿げたことがなくなる。外気温が氷点下となる真冬が最盛期などという馬鹿げた事業もなくなる。一月に発注し三月中旬までを準備期間として暖かくなったら作業開始。これが普通だと中卒学歴の俺でもそのくらいのことはわかる。こんなことは楽にできることだ。「過去を踏襲」さえしなかったら。みんなが未来志向であるなら。今まで元老院は誰もそれに手を付けずにきた。農家が春に動き出すように土木も春からフルに動き出すのが自然の理に叶っているはずだ。何故自然に逆らってまで年度末事業をしなければいけないのか？　それも品質もお金も失って。今の公共事業は春から秋にかけて農業をすれば良いのにわざわざ冬季用の屋内施設を造って冬に農業をしているに等しい。こんなことも日本人のお偉いさんはわかっていない。

この年度末問題もそうだがCO_2削減と言われ久しいが、未だに冬場に日が短くなってくると俺が住むエリアなんかだと十六時過ぎたら現場に投光器の用意をしないといけない。こんなのは夏時間とか設けたりするのじゃなく、簡単に年間通して今の朝の七時を八時に時間を変更してしまえば良いだけだと思う。一時間時計を早くするだけで現場や事務所でかなり大きな電力消費の削減だ。日本全体だと相当大きなCO_2の削減規模だ。まぁ政治家などそんなことには全く興味などないのだろうが。彼らは地元民の「清き一票」にしか興味が向かない人種なのだろう。日本は時間を今の七時から八時に変えて、冬季作業を中止して三月くらいから土木作業ができるようにするだけで、土木業界だけでも莫大な量のCO_2削減ができる。どれだけ世界に貢献できるだろうと……考えるのはこの無学なお爺ちゃんだけかもしれない。これだけ大規模な地球全体の規模で進む温暖化を真剣に日本が考えているとは到底思えない。日本人は残念ながら世界に気候変動でどれだけ困っている人がいるのかを考える人は本当に少ない。やれること、できることすら何も手をつけない。「見て見ぬふり」なのだ。

自動運転の時代を迎えることは避けては通れないし、空飛ぶ自動車時代もそうなのであるが、そのような未来の形が現実に見えているのだから、それに対応した法の整備を打ち出していかなければ予算の節減など無理だ。

例えば自動運転時代となれば今のような標識はそれほど必要ではなくなる。未来のあるべき道路を想定して、将来的に不要な標識は何かを抽出しておけば、現在ある標識が老朽化した場合などは撤去して再設置が必要なのか、撤去してその後は不要なのかの判断が付きやすく将来的に不要な標識を作らなくて済む。不要なものとして例えば土木工事でよく見かける交通整理員などが良い例だ。俺も経験したが土木作業を道路で行うのに作業員が五名で交通整理員が六名なんてのを見かける。警察の道路使用許可証を取るには交通整理に関してそれだけの人を配置しなさいと命じられてしまうのだがハッキリ言って過剰人員だ。昨今などその交通整理員すら人手不足で配置できなくて工事が中止となる。笑い話ではなくそれが現実だ。田舎道で日に数台の車両しか通らないのに交通整理員が眠たそうな顔をして立っている。高速道路などでは車に向かって交通整理員が旗を振って注意を促している。高速道路で人が旗振りするなど俺からしたら論外に近いくらいに危険行為だ。

田舎の標識など数百万円かけて作っても、その標識が木に覆われて全く見えないなんてことがけっこうある。それも数ヶ月、一年と経過してもそのままというものがある。ということは標識なんか木で覆われても誰からも苦情も来ないことを意味する。そして維持管理する役所も苦情がない限りは放ってある。結局はその標識などは不要なのだ。数百万円かけた標識が不要。これが現実。だったら最初から作るのが不要なものってたくさんあるのでは？と考えていくのが行政というものだ。

これなどは小さなことかもしれない。でも節約などというものはそもそもそうした細かいことができるかできないかだ。そうした習慣づけを役人一人一人が常日頃からしていると、どこかで節減へのアイデアが思い浮かび、大きな節減へと結びつくのだ。こうして得た費用を自動運転車や空飛ぶ自動車向けに必要なインフラ整備にお金を回すべきだ。

空飛ぶ自動車時代であれば「ポツンと一軒家」のための道路が不要となる。ポツンと一軒家のための建設資材や食糧品さえ運べる目途がたてば、不要な道路は廃道として地方自治体の負担を減らすべきだ。ポツンと一軒家のために仮に一億円かかっても、将来的にそのポツンと一軒家まで行くための道路が不要とでもなれば、一軒のために費やすインフラの補修費が節減できる。少なくとも既にそれら最新技術は現実として目の前にあるという考えでいかないと、不要なお金がどんどん使われてしまう。

そもそも政治をしている今の政治家のおじいちゃん、おばあちゃんは道路を作れば豊かになると思っているが、果たして利便性を高めるのは新設の道路だけであろうか？など考えもしない。その挙句にこれからも将来的に維持管理に金食い虫としとなる道路を作り続ける。道路とは未来の借金の元本のようなものだ。自治体の長であれば道路インフラなど徹底的に見直して管理道路の面積を一平米でも少なくしていくことを考えていかないと、小さな自治体など未来はない。益々過疎化が進み人口も少なくなる日本。それに対応するにはいかに未来を予想するかである。

道路で車が六十キロで進むのに対して、仮に空飛ぶ自動車が百キロ出せるとなればそちらを優先的に考えて空飛ぶ自動車のインフラ整備に予算を分配するなんて自治体が出てきても良いだろう。救急車も過疎化が進む田舎なら尚のこと、空飛ぶ自動車の方が既存の救急車より人命救助にはより向いているようにも思う。大病院の屋上に直付けできる空飛ぶ自動車型救急車であれば。

　他にも節約事項は多くある。水道局などは管内の漏水をチェックするのに、昨今は衛星画像データを活用した水道管の漏水検知システムを利用している。水道事業体の水道管路全体の衛星画像をＡＩで解析し、漏水箇所をある程度の範囲に絞り込めるというものだ。これにより管内全体の管の良し悪しを調査するという手間が省け、ピンポイントの調査で現地にて行う音聴調査の効率化が図れている。漏水箇所の早期発見と修繕による漏水率の改善、漏水による損失と二次災害の予防、調査サイクルの短縮など、時間とコストの削減効果抜群のシステム。

　これなどもそうなのだが、地方であればあるほど情報技術を学んで節約をしていく必要がある。土木の３Ｄもそうなのだが、最先端の情報技術を取り入れていかないといつまで経ってもお金と労力ばかりが必要となる。情けないことだが今の土木事務所は３Ｄによる見える化すらできないが……。

　日本はキャッシュレス化も世界からは大きく遅れていたが、世界の様子を見て何かをするという日本型では、これからの社会は成り立たなくなるとこんなお爺ちゃんでもわかる。政府もだいぶ国民から批判を受けていたと記憶にある。コロナの時に役所とのやりとりを二十一世紀の今になってファックスだとかで。でもこの日本の国民がそれを批判できるだろうか？　多くの人が二十一世紀の今になっても、なお現金でものを買っている。日本はこういう点で中国、韓国、タイ、ベトナムといったアジアの国から見ても遅れている。賃金もアジアから取り残される存在となりつつある。役所の事務処理のファックスを批判する国民自身が現金なんか使ってんじゃねぇよ！　お前らいつまで昭和やってんだ！　呆れて物も言えないがこれが日本人の現実だ。田舎では空き巣などよくある話しだ。たいがいが現金を置いたレジや収納箱に入れた現金を奪われる。少なくともそんな被害から守る自衛の意味でもキャッシュレス決済は有効だと思うのだが、現金神話はいつまで続くのだろう？　ドローンや空飛ぶ自動車、自動運転車という最先端技術こそこの田舎で必要なのだ。今の「田舎だから」は本当にやめてもらいたい。ちなみに俺のゲストハウスは現金お断りだ。

海外から旅行で知り合った友達が遊びに来るがその中の一人のスイス人に最低賃金を聞いたら二十四スイス・フランくらいらしい。日本円に換算するとだいたい四千円くらいだ。日本の四倍。日本はこれだけジャブジャブジャブと公共投資をして千円。

「その道路本当に必要ですか？」

俺は会計検査院検査で不正を習った

カナディアンロッキー、ヨーホー国立公園。

土木業界の年間通じての最大行事といえば会計検査院による検査。

会計検査院って何？　あまり馴染みがない人もいるかとは思うが、会計検査院とは土木業界で暮らしていた俺にとっては余分な仕事を持ってくる使者のようなものだ。大概の発注機関はお国からお金をいただいて仕事を発注し仕事をしている。発注機関となるのは政府関係機関、独立行政法人、都道府県、市町村、各種団体などだ。お国はそれら発注機関にお金を出すだけではなく、そのお金が果たして適正に使われているのか？　その事業に有効性があるのか？を調べるのだが、それをするのがこの会計検査院の検査となる。この検査で不適切な工事とかが見つかれば最悪は補助金が認められなくなる。また有効性が認められない事業は事業の廃止や見直しを迫られることとなる。

この検査で何か指摘を受けてしまうと、悪いことに事業をしている発注者側の担当者らは内部評価が落ちる。そのために会計検査院検査で悪い箇所を見つけられないようにと検査前から内部調査をする。

高速道路会社とか旧住宅都市公団などの事務所だと毎年検査官が来ていた。これは市町村の庁舎でも同じだ。令和三年の報告書だと会計検査院が検査すべき箇所というのが一万一千百三十九箇所あり、そのうちの二千二百八十九箇所で実際に検査がされたらしい。検査に要した人数は二万四千六百人／日とある。

この土木業界の年間を通じての一大行事である会計検査院検査には、多額の予算が必要となる。俺の場合はザックリと計算をしてしまうが、統計学がお好きな人は綿密にやってみてもらえたらありがたい。実際どれだけの予算が必要となるか俺自身が興味あるから。俺が言っているのは会計検査院が必要とするお金ではなく、検査を受ける側の費用だ。

土木業界ではこの一大行事に向けて事務所では会検対策室を設ける。対策室でなくとも対策チームとかくらいは設ける。検査で「このお金の使い方は不適切です」と言われたら、お金をお国に返納しなければいけないからだ。検査でそんなことになったら場合によったら自分の身の振り方なども考えなければならないような事態にもなり得る。会計検査院は検査後にこんな悪い例がありましたよと現場写真付きで公表し、全国ニュースとなるからだ。

そこで受験する側は、検査までに工事が適正に行われて適正な支払いがなされていたのかの内部調査をすることになる。大雑把に一つの検査対象箇所で五人くらいでチームを組んで調べても二週間程度はどこも必要だ。年間で発注された工事全部をいちいち見直していくのだから。それに本検査で一週間とられる。細かくいうとそれ以外にもチームに入っていない職員から施工管理員まで全ての工事に関わる人間が事前チェックをして、積算の違算があればその報告書を作ったり現場写真を見直したり現場に行って竣工検査の書類通りに実際の現場寸法が合致しているのかなどを調べている。この人件費まで入れると途方もない金額となる。

俺の場合はザックリとして大雑把だが、各事業所で五人で三週間程度の人員がそこに割かれると想定して、全国の実施検査が二千二百八十九箇所だと十七万千六百人／日と検査する側の二万四千六百人／日の七倍の人件費が食われてしまうようだ。ザックリとして大雑把に八百人くらいを年間で雇うくらいの規模か？　それに関わる人はだいたいベテランの年収が高い人だとすると、例えば少なく見積もっても年収八百万円以上で八百人だと十人で八千万円、百人で八億円、八百人で六十四億円。

金額は本当に大雑把なものだが、要するに何を言いたいかであるが、国の会計検査院検査は一つの大きな公共事業であると言うこと。そしてその最大の問題はこの検査で悪いところを見つけられないようにどこも不正に走るということ。今までの実態は会計検査で悪いところが指摘されないように関係者みんなで書類を改ざんしたりしている。結局はそれがいつの間にか改ざんは許されるんだとなって、次には改ざんして会計検査院の検査官から指摘されないようにするものだとなってしまっている。

当然のことだが、発注者は事前の内部調査で悪いところを発見したら組織を上げてそれを隠そうとする。まぁそれが普通の感覚と言ってしまうとその通りとしか言えないが。俺が問題とするのはその普通の感覚でする隠し事。ここで書類の書き替えとか提出された写真を排除するとかの様々な不正をする。実はここでのそういった改ざん体制が発注者側の人間には染み付いていってしまう。結果として現場で何かあっても「見て見ぬふり」などの隠蔽体質となる。内部調査した人間から「お前、検査前に何を見ていたんだ？　こんな検査書類を受け取ったらダメだろ？　こんなのは前もって隠しておけ」などと現場担当が上司や組織内の会検対策に当たっている組織の上位の役職に就いている人から言われる。そうすることで現場担当は翌年からは「悪いものを見たら隠す」が組織の意向だとして隠蔽体質を受け継いでいく。

発注者が自ら行った工事の竣工検査の時の書類内容と会計検査院検査時の書類が、実は違うということがままある。あってはならないことが。これが役所や様々な会計検査院検査の対象となる組織でやっていることだ。だから不正などは本当にイタチごっこで終わることのない永遠のテーマとなる。嘆かわしいことである。毎年全国の発注機関で会計検査院検査のために数十億円規模の人件費をかけてこのような事前準備をしているのだが、この伝統ある儀式は今後もなくなることはまずないというか、削減不可能な予算の削減項目だ。

不正の隠蔽はどの産業界でも同じ。ジャニーズ問題でもあるようにメディアまでもが隠蔽に加担していたのでは日本の「闇」は「病み」である。それも相当重症。なぜ誰もが「見て見ぬふり」なのだろう。本書でも何度も言っているが、こんなお爺ちゃん一人が声を上げるだけで違法残業が撲滅できる。でも内部からそんな声は絶対に上がらない。結局は外部のお爺ちゃんに言われてやっと改革が進む。内部からの改革の声はゼロだ。「闇」は「闇」として隠し続ける。それが日本人だ。俺が常にイラッとする日本人だ。

俺はもう新たな道路は不要だと思う

ギニア、100年以上利用されている吊り橋。

俺の住む長野県の大町市。場所は松本城で有名な松本市から日本海沿いにある新潟県の糸魚川市へと向かう途中にある町で、スキーやレジャーで有名な北の白馬村と観光地として有名な南の安曇野市に挟まれたような町で、黒部ダムの入り口となる扇沢駅のある過疎化が進む町。この沿線には高速道路がない。そのためにこれから松本市と糸魚川市の利便性を高めようと松糸道路などという道路を建設して地域を活性化しようとしているのだが、流石に今になって、

「**その道路本当に必要ですか？**」

である。県と地元で数十年も前に約束した事業だからと誰もやめようとはせずに一生懸命やっている。これから道路計画をして、用地買収をして建設となるとその道路ができる頃には既に自動運転自動車も空飛ぶ自動車も普及している。俺はこの世からあの世へと行っている。今更敷地ばかり取られて雇用が少ない工場誘致（？）でもするのか？　立地的にも都会や港から離れたこの地でしかも、この地の若者に工場勤めをしろなど夢のないようような未来を描くこともさせたくはない。工場とかの誘致なら、企業が求めるのは安い労働力の雇用

と安い土地代を求めてであろう。こんなのは田舎を馬鹿にしている。観光目的なら今でも田舎は信号機が少ないから、新たに道路を建設しても時間の短縮など望めない。

何を今更道路？だ。それも県の整備計画を見ると制限速度は六十キロ。これでは現状の道路を使って松本市から糸魚川市までの移動時間は大きく変わりはしない。緊急の場合でも空飛ぶ自動車を使った方がよっぽど利便性が高くなるはずだ。少なくとも道路ができるであろう時期には空飛ぶ自動車が実用化されている。もしかすると時速百キロの空飛ぶ救急車が飛んでいる。一つ一つこうやって未来を見据えて物事を考えていくと、道路建設には辿り着かないはず。

そもそもであるが、新設道路など造っている場合じゃないだろう。昨今日本では台風や大雨がある度に道路が壊れ、橋が壊れ、田畑が湖の如くに水で覆われる。今後は益々その被害が大きくなるばかり。そうなったら日本人の好きな道路建設などやりたくなくともやる羽目となる。国にお金がないのに、なんでわずかばかりの移動時間の短縮のためにこのド田舎に新設道路を作る必要がある？　日本は平均賃金からすると世界の先進国という国のレベルにない。どちらかというと発展途上国レベルに近づいている。そんな国が行うインフラのレベルをはるかに超える整備が本当に必要なのか？　俺の答えはノーだ。災害復旧と現状の道路維持だけに留めるべき。そのうち最低限の道路すら維持できなくなって道路そのものがなくなるぞ。

何度も言うが、道路・道路・道路と造ってきたって賃金など上がってないし、国民は豊かになっていない。更に円安では海外の人は日本に来て安く遊べて満足かもしれないが、貧乏な日本人は海外旅行が遠くなるばかりだぞ。そんな貧乏な日本人が身の丈に合っていない道路ばかり造って、将来に道路維持管理費という大借金を背負うのか？

加えて県の計画は道路を盛り土して作るとある。これは最悪で風光明媚なこの安曇野に盛り土をしようなど論外。景観など無視した計画。景観だけの問題ではなく、盛り土にすれば盛り土した周囲の風の動きが止まってしまう。盛り土の風下側は風の通りが悪くなり夏などは今以上に高温となる。正直なところ誰もそんな土地をわざわざ作ってもらいたくはない。それに土建屋目線で言うと、昨今の異常気象によるゲリラ雷雨などの場合を考えてみてもらいたい。今までは広い平野でゲリラ雷雨を受けていたために、なんとか排水できていたものを盛り土することで地区を小割りにして堰を造るようなものだ。そうした場合には一部が浸水する可能性が出る。その浸水を防ぐためには、全体の排水計画もよっぽどの検討が必要なのだが、県のレベルだと、排水系統を検討するには過去数年間の雨量を根拠に排水系統を決める。しかし昨今のゲリラ雷雨を考えた場合には、そんな過去数年の雨量で物事を考えてもらっては困ることになるのは、全国の被害状況を見れば簡単にわかることである。

二〇二三年に日立市役所の新庁舎が大雨により浸水した。大震災後災害対策の本部となるべく、災害に強い庁舎として大震災の教訓を元に建てられた庁舎である。震災では原発が津波による電源喪失で大事故となったのだが、津波でもない大雨で浸水して、なおかつ電源喪失？　言い訳は「想定外でした」。おいおい大雨が想定外？　もうお笑いでしかない。加えて映像では建物内に入った水を、職員がバケツリレーで外に汲み出していた。「オイオイ、せめてそこは非常用発電機を用意して、水中ポンプで汲み上げてくれよ」と俺はテレビ画面に向かってツッコミを入れていた。大震災を目の当たりにしてこのザマだ。結局浸水したので災害本部は別の場所に設けましたと……。これが今の日本の実力だ。県が地元の素人相手に、災害に対しても全く問題ありませんと言っても俺は信じない。県は経済効果など出なくとも災害が起きても「想定外でした」で済むが、お金は戻らないし被害で損をするのは地元だ。

何故盛り土なのかであるが、道路工事の場合は全体をなるべくアップダウンの少ない道路を作る努力をする。単純に全体を平らにしようとすると現況地盤だと凸凹が多いからどこかしら削らざるを得なくなる。削ったらそこから余った土が発生する。その発生土はなるべく同じ工事で処分することをしないと予算がいくらあっても足りなくなる。そのため道路建設では削るところと盛るところで上手く土量バランスを取ることが設計の基本となる。ここでの盛り土は単にそういうことだ。道路建設の設計の基本通りやりました。そうしたら盛り土部が発生しました。では盛り土をするということで、さあやりましょう。たいがい田舎者はそれで騙せてしまう。設計の基本は基本なのだが地元が反対しているという民意は全く無視されている。意地でも道路建設。さあやろう。世の中そんなもんだ。

景観も気温上昇も風の通りも排水もと余りにもナンセンスだ。この計画を何故許してしまうのか？　そもそも市議会議員選挙があったが、ほとんどの立候補した議員が盛り土に反対なのである。これを考えると一体「民意」とはなんなのだろう。市民もほとんどが反対。議員も反対。しかし道路は建設する。まぁこんな日本だから俺は一生のうちに一度も「清き一票」とやらを入れに行くことはないのであるが。日本の元老院政治は大嫌いだ。

さて、道路建設反対ばかり言っても仕方ない。元々この道路建設は六十キロではなくそれ以上の速度で走ることを目的に立ち上がったものであったが、事業の見直しでどうしようもない六十キロ制限道路の整備でお茶を濁した計画なのである。糸魚川市の南の小谷村辺りは整備も行っているのだが工事そのものがお粗末なものだ。

長野県が建設を進める国道１４８号雨中バイパスの新柳瀬橋（小谷村）であるが、ここで設計ミスが発覚した。その結果、工費が当初の六億六千二百万円から二十二億六千九百万円になる。エッ？？？　まさかの三倍以上の増額？？？　さらに二〇二一年一月までだった工期を二五年八月に延長って？？？　四年半以上延期ってそれは流石に酷い。

この有様である。全体ができるのはいつのことやら。設計会社も施工会社も発注者も技術を持ち合わせていない世の中で、お金と時間ばかりが浪費されている良い例だ。こんな例があっても国民は「道路は必要だよねぇ」だからこの国はどうしようもない……と俺が叫んでも、これからもジャブジャブと浪費するのだろうが……。

普通ならお金を使わずに利便性が高められないだろうかと真っ先に考えるはずだ。とりあえず作ろう？　俺はそんな日本人的な発想はしない。既に町の北側の小谷村とかは前述の愚かな整備をしているから、町の南側に目を向けてみよう。

俺のように常識にこだわらなければ計画はこうなる。現在安曇野市までは高速道路がある。そこから大町市までのメインとなる道路は、高瀬川沿いの堤防道路となる。さてこの堤防道路（県道３０６号線・通称北アルプスパノラマ道路）であるが、長野オリンピックを機会に造られたもので既に建設後四半世紀になる。さてこの道路の現状であるが、この道路を六十キロで走っていると後ろから間違いなくあおられる。あおり運転で罰則があるようになってからもあおられる。それも野菜を積んだ地元のおじちゃんやお爺ちゃんが乗った軽トラに。

俺も四半世紀の間に数百回はここを利用しているが、おそらくその間の俺の平均速度は七十キロ以上である。普通に「交通の流れに乗る」とだいたいは七十キロ以上の速度で利用者はここを走る。まじめに速度を上げないのは営業のまじめなトラックドライバーと救急車。車の後ろに「私は法定速度を守ります」ってステッカーを貼ってある車と救急車とたまに走るパトカーはこの道だと渋滞の元。まずはこの事実を理解しよう。

それを踏まえた話であるが、結論から言うと俺はこの道路の制限速度を上げてしまえば新たな道路は造る理由を無力化できると考える。何もせずに制限速度を上げさえすれば、その時点で時間の短縮が図れてしまう。たったこれだけで新設道路を造る理由を消去できる。役人の考えは計算上の問題だけだ。その計算で用いている制限速度を上げてしまえば、移動時間が縮まる。それで道路は作らなくとも移動時間の短縮という道路計画の根本的な問題は解決だ。これが結論。これによりどれだけ予算が軽減できるかである。地元の誰もが望まない盛り土の道路建設もなくなる。元々七十キロ以上の制限速度で整備しようとした道路を六十キロに落とした県の批判もなくなり県の面目もたち名誉挽回のチャンスを得られる。公然と利便性のある速度で貨物トラックも走れる。道路も景観も今まで通り。救急車も新設道路より早く走れて患者も助かる。八方丸く収まる。

せいぜい整備するとしたら堤防道路に入るまでの高速入り口からの間が慢性的に混雑するからその部分だけを改善すれば良い。そもそもだが、日本人のある一定時期だけの民族大移動をなくせば観光地の渋滞などなくせる。休みの分散くらい日本の企業はできないのだろうか？　従業員に休みを与えれば良いというものではない。「質の高い休み」を与えなければ意味がない。休みました。渋滞で疲れましたではどうもならん。そもそも将来的には道路の利用者など減少して、渋滞もさほどではなくなる。

県などは滑稽にも新設道路の必要性についての説明で、新しい道路ができると高速道路から市の北部まで行く時間が短縮できるというが、今でさえ堤防道路を時速七十キロ以上で走っている。夜など高速道路をおりてぶっ飛ばしてわずか二十数分で市内まで到着する。この時間を短縮できますなんてのは誰がどう考えても嘘だ。既に十分便利な道路ではないか。警察に捕まりさえしなければ。どう考えても新しい六十キロ制限の道路ができても時間など変わりはしない。県が言うには市街地だけだと短縮時間はわずか数分らしい。その数分すら疑わしい。俺はその数分のためにこの景観と農地を失いたくはない。最悪にも地元の誰も望まない盛り土をする。風光明媚な田んぼをつぶして。選挙の民意も全く反映されない事業を延々と続ける。多分やっている方も馬鹿らしいと薄々は感じているはずなのに情けない。これからルートを決めて、用地を購入して、建設する？　そんな労力は今後無数に襲ってくる自然災害に使ってくれ。

制限速度の緩和はできない？　馬鹿を言うな。政治家がやれと言うだけでできる話だ。政治家はそこまで無能なのか？　まぁ無能で愚かなことは知ってはいるが。昨今では高速道路の制限速度を上げようとしている。それも理由は物流業界の人手不足のため八十キロ制限を緩和するというもの。

安全には触れずに人手不足解消という理由で制限速度など引き上げられるのだ。だったらうちの堤防道路も十キロアップくらいなんともない。元々この堤防道路など地元の常識で七十キロ制限なのだ。高速道路も賛否両論あるが、その否定的な意見の多くは速度を上げたら「危険が増大する」である。その点、こちらの堤防道路は全く問題ない。なぜなら既にこの堤防道路は、四半世紀の間に、俺を含めほとんどの地元ドライバーや観光客により、七十キロ制限の安全性の実証実験が済んでいる。何も反対する理由が見当たらない。実質七十キロオーバーだった道路を、単に法的にも後からそれを追う形で追認するものでしかない。高速道路などいきなり百二十キロまで速度緩和したところもあるが、この方が無謀で初心者ドライバーや高齢者など百二十キロまでアクセルが踏み込めないと言っている人が一定数いるのに、お構いなしに速度制限の緩和を実現できてしまっているではないか。それなら初心者でも高齢者でも七十キロ以上でこの四半世紀以上ぶっ飛ばしている道路など、全く問題なく緩和できてもおかしくない。これができないようなら高速の速度制限など永久にするな。

制限速度を上げることは新たな道路建設の数百倍合理的である。もし制限速度七十キロの標識が新たに必要となると言うのであれば、そのくらいは俺がクラウドファンディングで集めてやろうじゃないか。これだけやってもらえばおそらくは町の中で意見の対立を起こす新設道路建設が頓挫しても誰も文句などは言わないだろう。俺は街まで車が来たのなら、市内は車はゆっくり走ってこの風光明媚な景色をゆっくりみてもらいたいから現道で十分。運転手がいるからイラつくのだ。自動運転時代はイラつかず、ゆっくり全員で景色を見ながら走ってもらえるチャンスが生まれる。人々のマインドをそうやって変えることで不便さをカバーするという発想とかないのだろうか？　狭い日本急いで行くばかりが正解ではないはずだ。五分、十分遅いということは、それだけ長く雄大な北アルプスを目に焼き付ける時間が多くなる。この松本市から糸魚川市まで続く世界一美しい谷を、ゆっくり走って堪能していただきたい。

これをすることで、まるでマジックのように予算を使わずに、県が初めにいった制限速度を上げた道路整備も完了し、他にお金を回せると考えたら経済効果も大きい。動き出した事業は止められないとか、常識で考えても一般道の速度制限を簡単には上げられないだとか、そんな未来思考のない政治では寂しい限りだ。政治家というのはそれくらいのことをして初めて政治家だ。そもそも今の計画で数十分の時間の短縮が可能などと県は言っている。堤防道路は実質七十キロ制限で走っている今である。県の言う時間短縮など誰も信じる人などいない。俺はこの事業を行っている全ての人間に「嘘つき」と言うであろう。

常識を少し打ち破ったら世界が変わる。

高速道路の制限速度がどんどん上がるのだ。一般道とて例外なく同様にしてみれば良い。既にこの堤防道路のように実績がある道路の場合は特に。まぁこんなことを言っても元老院は動かないだろう。おそらく俺の意見に対してはできないための理由をいくつも並べて潰すくらいがせいぜいだ。何をするにもまず否定路線から入って過去の踏襲をできないものを潰すのが俺の大嫌いな日本人だからだ。

新設道路を作るお金が県にあるのなら、その予算を田舎では過疎地に向け空飛ぶ自動車のインフラ整備や空飛ぶ救急車など、未来志向な方向にお金を使ってもらった方がよっぽどありがたい。田舎町の過疎地対策。移住者支援。それらに情報や交通の最新技術を導入してより便利な田舎を作ってもらいたい。都会同様な道路整備はいらない。制限速度六十キロのポンコツの出来損ない新設道路で過疎がなくなるとは到底思えない。いやいや、俺からしたら過疎で良い。簡単に車を飛ばしていける観光地より、少しは行き難い田舎の方が観光地としては将来的には有望だ。俺は海外の秘境ばかりを歩いてきたが、動機となるのは「行き難い」からだ。困難だから行く。不便だから行く。何も便利を追求するだけが正解値ではないはずだ。

予算が余っているのなら、ここ安曇野などは安曇野市から白馬村まで安全にサイクリングができる道でも整備してくれた方がよっぽど経済効果は上がる。ここ数年の安曇野でのサイクリング人口の増加は凄まじい。車よりチャリンコだ。俺は乗らないが、ゲストハウスの周囲の道を休日の多い時など、数百人の自転車愛好家が走る。行政としたらここが観光の攻め所だと単純に思う。元老院にはない発想でやれば時代は変わるはずだ。

現実を見てもらいたい、田舎の道など数キロに及んで道路の白線が消えてなくなっている。横断歩道のラインも消えている。橋の高欄が錆びて、いつ壊れるのかわからない状態で放置されてもいる。そんな維持管理もできないのに新設道路？　人口減少は歯止めが効かない。道路より優先されるのは少ない人口で維持できる街作りだ。

この松糸道路予定地には並行してＪＲ大糸線が走っている。その大糸線も白馬から北側は廃線にしようという動きがある。毎年お金の垂れ流しが続く路線だ。線路の場合は収益という目に見えた形で赤字が続くと廃線を考える。道路も同じように考えてもらいたい。沿線の市町村人口が年々減少している。この流れは止められない。そのような状態でインフラの面積を増やしても、将来的にそのインフラが維持管理できるのだろうか？　地元利用者は減るばかりで市県民税など税収は減少するばかり。投資に見合うだけのリターンはどうやって確保するのだろう。将来的に維持管理費が借金として残るだけではないのだろうか？　それに加えて建設費はお粗末な事業計画と設計ミスに加えて昨今の人件費増大などで雪だるま式に増えている。そこまでしてたったの二十分とか三十分の時間短縮を誰が求めているのだろう？　望まぬものへの投資となるが、今後人件費の高騰と職人不足で実際に建設するとなると予算規模がどれだけ増額となるのやら？

『かくすれば、かくなるものと知りながら、やむにやまれぬ大和魂』

――吉田松陰

大昔にはこんなことを言える人物もこの国にはいたのだが。日本という国がもっと柔軟な頭を持ったなら、右肩上がりに発展するはずだと俺は思う。還暦過ぎたこんなお爺ちゃんでもこのくらいは考えられる。そんなのはダメ、こんなのはダメ。日本社会は全ての出る杭を撃ち抜く。出られたら困るかのように。そんなことをこの日本で俺は学んだ。何度も何度も周囲からダメだと言われた。みんなから嫌われた。打たれてばかりだった。でもやったことが悪かったのだろうか？　それを貫いて見せたら大会社の違法残業がなくなった。この一つのことですらいったいどれだけの人を救ったことだろう。そしてこれからこの業界に飛び込む人のどれだけ助けになったのだろう。一人の政治家で良い。意を決してことにあたれば一つくらいは常識を越えられる。未来を見据えてことに当たれば良いのだが、今は何事も後手だ。

新設道路より生活の水の確保の方が優先順位が高いはずだ。気候変動でこの長野県内のダムでさえ水がなくなる。俺の住む大町市のダムでさえも二〇二三年の九月でなくなりかけていた。温暖化で北アルプスに残雪がなくなり異常気象で雨も降らない。昔、俺が思ったのは四国と本州を結ぶ大型の橋を造るのだったら、一本でも他県から水を確保するための水道橋を造ったほうが生活の足しになるのでは?だった。それでも四国は水より道路を選んだ。だったら水不足となっても甘んじてそれを受けてくれだ。それと同様に俺の田舎では雪の降らない北アルプスの未来をＡＩで予想して、農業用水の確保が将来に渡り可能なのかをしてもらいたい。二〇二三年において九月のダムからの放流が難しいのであれば、将来はそれが八月になり、更に七月になり……水田など無理だ……考えただけでもゾッとする……。

水が確保できても、少子高齢化で将来的に水道管を維持管理していくのはこれまた難題だ。都会なら一キロ水道管を敷設すれば、その沿線には多くの住人がいるから、水道管の維持コストは安い。田舎だと場合によってはその一キロに住民がゼロで、その数キロ先にわずかばかりの集落があって、数人のために数キロの水道管を維持しているところもある。だから言うように、道路と水道といったインフラの量をいかにして減らすかが今後田舎を維持するためには避けては通れない課題だ。人口が減るごとに水道料金は増額する。当たり前だ。その増額にいつまで住民が耐えられるのだろう？　田舎は高齢者ばかり。高齢者には年金暮らしではなく死ぬまで働いて下さいと頭を下げる時期は、もうとっくに過ぎたように思う。こうなったら生産性のある高齢者の育成も田舎では必要不可欠なのだろう。そのためには高齢者の生き甲斐だ。こんな俺でも次々と将来について何が必要なのかが見えてくる。残念ながらその中に新設道路はない。道路を延々と作ってみても我々の賃金は全く上がらなかった。それに対して、有識者とやらは無学な俺らに利便性が高まったから今の日本があるとか、なかったら今より酷いとか言うが俺は結果しか見ない。日本の賃金は上がっていないし国民は豊かになっていない。アジアの中でもビッグマック指数などベトナム以下ではないか。

少しは現実を見てもらいたい。気候変動で農作物も普通にできなくなってきている。ただでさえ外国に頼っている食。米だけは大丈夫だと言うが、その米でさえも高温で将来的にどうなるかわからないし、農業用水の確保も怪しい。今はこの気候変動がどうなるのか、どうなっていくのかわからない中で二十世紀に約束したからといって道路を作らなくとももけっこうだ。県はそんな金がありあまっているのなら街に恵んでくれ。高額な水道代を補助してくれ。道路より生活の根源が危うい。道路行政による雇用確保より優先順位が高いことが疎かになっている。そしてその道路は無駄遣いばかりで金は使い放題だ。田中角栄のような日本列島改造論くらい言える政治家は既に出ることはない。既得権益防護論者ばかりだ。

夢なき者に理想なし、故に、夢なき者に成功なし。

――吉田松陰

俺の人生は旅行に明け暮れた。そのために嫌な仕事をしてきた。誰も友達を作らずに。家族も作らずに。だけどその人生を全く後悔はしていない。自分が求めた正義を貫けた。自分が求めた夢を貫けた。さあこれからが俺の余生である。どうなるかはわからないがのんびりとあの世からの出迎えを受けようではないか。

決心して断行すれば、何ものもそれを妨げることはできない。

大事なことを思い切って行おうとすれば、まずできるかできないかということを忘れなさい。

――吉田松陰

俺は旅行で多くの地球温暖化を目にしてきた。本能的にそれらは俺に危険信号を与え続けてきた。アラスカや南極で真夏にアイスクライミングをしてみたが、表面の氷はザクザクとなるほどに柔らかく驚いた。またその周辺の氷河の後退は恐ろしいほどだ。地球温暖化による災害対策で、今後は多くの予算が取られるだろう。毎年のように繰り返される異常気象という化け物相手の公共事業。造っては壊され造っては壊されの繰り返しでは、いくら税金を国民から搾り取っても不足となる。これこそ長期的視野に立って計画できる人がいないと破綻する。

砂防ダムなんかで多額の予算を削るのなら、土砂が押し寄せてくるだろう場所にある建物をすべて移動させた方が、将来的には予算の節減になる。ある程度のコンパクトなエリアに家屋を集め、そのエリアだけを集中的に守るという考え方だ。人口減少で過疎化著しい日本だからこそ可能な方法であるし有用な考え方だ。

もちろん自然環境の良い場所でポツンと一軒家で住みたいという人もいる。それはそれで空飛ぶ自動車時代になれば可能だ。その代わりポツンと一軒家は自己責任で水や電力の確保をしてもらえばよい。道路とかのインフラ整備を行政はしないというスタイルだ。ほんの数キロの田舎道であっても舗装を打ち換えるとかすれば簡単に億単位の出費となる。これを防ぐには計画を立ててできうる限りの道路面積の削減に努めるよりない。インフラの面積を減らしたり規模を減らしたりしていかない限りは維持などできたものではない。場合によっては小さな橋のいくつかは、維持費も造り直す予算もないからと取り壊しとなるところもあるだろう。

大雨で土砂が押し寄せてきそうな場所に、億単位の予算を出して砂防ダムなど作ってもその維持管理もたいへんだし、一度の大雨でそれが機能不全となってしまう場合もある。だったら毎年少しずつでも、下流域にある災害にあいそうな家の移転を進めていった方が、楽だし理に叶っている。土砂が崩れてもその下流域に二次災害が起こらない状態であれば、自然のあるがままの姿を留めておくくらいにしておければ余分な費用も不要となる。

これだけ自然災害を毎年見せつけられている時こそ、国民に移転を呼びかける絶好期なのだ。雨による土砂災害にあった人たちの声など実例を出して説得すれば、移転のハードルも下がるはず。コツコツと国土の再編をしていかないといつまでたっても異常気象に負けてばかりだ。それはすなわち日本経済の打撃を繰り返すことでしかない。俺は異常気象から国土と国民の生命を守るか？　経済優先で道路にお金をかけるか？　これから未来ある人がどちらをどんな配分でお金を使っていくのかわからないが、自分が支払った税金の大半をそれら自然災害に持っていかれる時代が来ることは間違いないと認識しないとダメだ。自然災害に遭えば、嫌でも道路教信者である皆さんの好きな新設道路を再び作る目に遭うのだから。

土木予算など減らそうとしてもできない相談となるのがこの自然災害だ。維持管理に特化した予算配分をしていかないとこの先の日本は成り立たないなと俺は直感的に思う。己の身の丈を知り常に、

「**その道路本当に必要ですか？**」

から始めないと。おそらく気候変動で農作物を確保するのが困難な時代へと突入する。場

合によってはこの日本で水の確保すら難しくなる時代が来る。そこへ少子高齢化だ。社会のインフラの拡大をしている場合ではない。最低限の維持すら難しくなるだろうことは、こんな中卒学歴のお爺ちゃんですら予想できる。軒並み老朽化を迎える水道管など直していけばいったいどれだけ水道料金が値上がりするのだろう？　それを田舎の高齢者が支払えるのだろうか？　益々高騰する土木の施工費用。ハッキリ言ってここで産業の大転換を図らないとダメだ。新設の道路は地域を活性化して未来の繁栄を約束するなどという昭和時代の神話から離れるべき時なのだ。そこにいくら投資しても我々の賃金など全く上がってはいない現実を見てもらいたい。そして将来はそんなインフラではなく食糧と水の確保と自然災害への対応で、普通に生きること自体が危うくなっていることを理解することが大切だ。

道路維持の行政負担を減らせるのではないかと単に言っても誰もピンとはこないかもしれない。俺の田舎などの例で考えてみよう。例えば将来的に空飛ぶ自動車が普及すれば俺の田舎ではこんなことが考えられる。山間部の道路でダムに行く道路がある。利用者はダムを維持管理する電力会社と奥にある温泉宿と登山者が登山道入口まで行くためだけの道路だ。この道路は行政側は空飛ぶ自動車の普及に伴い利用者は電力会社だけとなるから道路は不要だと言って電力会社に移管してしまえば、行政は道路の維持管理から解放される。その分電力会社が道路維持管理費負担が増える。そこで電力会社が難色を示すのであれば電力会社に道路と共に登山者や紅葉狩や温泉目的の観光客相手の利権を付けてやれば良い。温暖化防止対策とでも称してダムで発電された電力を活かした空飛ぶ自動車による登山者・観光客輸送といった利権を抱き合わせで電力会社に付けて行政は道路を手放すといったイメージである。こんな未来予想図を立てて狡賢く田舎では行政を行なっていかない限りは今ある現道の維持すらも難しい。

この国の教育ももう少し考えたほうが良いのだと思う。俺は俺とは違いキッチリと教育を受けてきた人たちと一緒に仕事をしてきたが、その人たちの受けてきた教育の中身がなんであったのか？　意味がある教育を受けてきたのか？　残念ながら俺の周囲の人たちは謎多き人たちばかりだった。教育を受けてきて何をやっているの？でしかなかった。現場で使えない教育。不正を「見て見ぬふり」する教育。

俺がこの世界で一番嫌だったのは、あまりにやっていることがアナログで「なんで3Dじゃないの？」とか、現場に行くのにグーグルマップで簡単に行くのが普通と考えていたら、いちいち地図を引っ張り出してみていくとか。エクセル入力で関連のシートとリンクされていなくて、いちいち手入力している人が多くて当然のように入力数値が間違っているとか。インターネットで最新技術を引っ張り出して勉強しておかないといけないのに、全く活用されていなかったり。還暦のこのお爺ちゃんに「グーグルに書いてあるよ」とか「スマホのグーグルマップで現場に行けば？」なんて言われている。俺が海外旅行で身につけた程度のことだが、あまりに現場が精神分野でも技術分野でも「昭和時代」であることには驚いていたというより呆れていた。

俺はよく登山も行くがパタゴニアを歩いた二〇一六年の時でも頼りにして使っていたのが、グーグルマップだった。日本ではこの狭い土地しかないのに、どこの登山道でもインターネットへの接続ができるまでになっていない。こんなのは行政の怠慢でしかない。遭難がどうのこうのの前に、政府がまずは携帯電話会社に依頼して全山を網羅するだけの施設を作らなければいけないはずだ。北欧などのトレッキングコースだと、簡単な木ぐいにＱＲコードが貼られていて、スマホをかざすとコースマップがわかるようになっている。この二十一世紀になって随分と経つのに、日本では携帯の電波さえ行き届かないで道迷いだなんてやってしまっている。こんなのは行政が主体となってグーグルマップに正規の登山道を入力してしまえば済むことなのだが、そんな単純なことも怠っていて、登山者が道迷いでもしたら登山者が未熟だったとか世間から非難を浴びる。おバカな連中からは紙の地図も持っていなかったとか言われ非難の的だ。しかし、本当に非難を浴びるべきは国の元老院だ。自らが行うべきことを全くしていない。携帯電話会社に頭を下げる費用は無料だろう。頭を下げても難しかったら少しばかりの補助金を出して共同で電波塔を設置さえすれば、山で道に迷わないだけの設備の設置などアイデアを公募すれば、それこそ無限大にスタートアップ企業から提供されるだろう。スマホの行動履歴からどこで遭難したかなども簡単にわかるシステムもできるし、そもそも道を外れたらスマホで警告もできるはずだ。位置情報を持ってすればGPSだと登山者が急に高いところから低いところへと移動したという情報があれば瞬時にそれが滑落だとわかり報告できるシステムなど容易に作れるはずだ。登山がそのレベルでできれば、インバウンドのお客さんもハイキングなどに取り込みやすいはずだ。そうなれば外国人客で山がオーバーユースになるだろうから、それに備えて山の入山規制はどうするのか？など次々と未来へ未来へと考えて行くのが行政だ。日本では事態が重くならない限りは何もしないが……行政という仕事もこうやって自分がリーダーだという意識を持って取り組み、未来を見ていけば本来は面白い仕事なのだろうが……。

俺が土木の施工管理員として働いていた時など半分以上は遊んでいたのだが、そんな余分な費用があるのにこれだけ重要なインフラ整備が全くできていないのは日本の病気でしかない。登山経験者や山関係の本などでは今なお地図に頼った登山術などというものを大切にしているがそれこそが日本が情報化社会へと移行できていない証明でしかない。俺など海外登山も数十ヶ国行ったが海外で紙の地図など元々ないところが普通で、有名なパタゴニアでも渡される紙の地図など本当に大雑把な絵でしかない。そんな条件でも一人で歩くことになる。

よく日本の登山関係の本などに一人での登山は云々とバカな記述があるが、登山は一人で繰り返し登り道迷いや滑落や転倒を繰り返すスポーツなのだ。他の人を頼りにしての登山は上達もしない。単独登山は云々という連中は自分が可愛いからいうだけだろうから、そんなものは放っておけ。人に迷惑がかかる？　そんなものはどうでも良い。人に迷惑をかけない人間などそもそもこの地球上には一人としていない。山の遭難などせいぜい年に数百だ。チャレンジした人を迷惑だなどというのは心が狭すぎる。それが迷惑だというのなら年間に二万とか三万人とかになる自殺者や行方不明者はどうなんだ。俺と同じように日本人から嫌われたりいじめられたりする人だ。迷惑な人ってのは俺からしたら俺がずいぶんと虐められたり嫌われたりしたこの嫌な性格だらけの日本人なんだけど。本当に迷惑な人たちってそれだろ。チャレンジしてミスった人たちは非難するんじゃなくて讃えてくれよ。そのくらいの器量がこの国にはないのか？

俺など今の子供達に教育をするとしたら、今ならば戦争が終わったら直ぐにでもウクライナへと全部の高校生、または大学生を国費で良いので送り、戦争の現実を見せるだろう。戦争とはなんなのかを問うだろう。どんな教育よりその体験こそが未来の日本を築くはず。なんのために生きる？　政治とは何？　自分の将来の安全は？　自分は何をすべき？　その答えはでなくても問題を持って帰ることはできるはずだ。その問題の問いかけこそがその後の人生には必要なことの全てとなる。自分の人生や命を無駄にしない。一千万円かけて四年制の大学に通うより、一週間で良いから戦争が何をしたのかを見せたほうが、ずっと教育としてはマシなように思う。俺が思うに、教育って社会に出て本当に必要なものを与えることだと思う。俺が学校に通わなかったのは、その教育に興味がなかったから。もし自分にその教育の必要性を感じたのなら通っていたかもしれない。動機付け？　そう動機付けをするための最高の実習の場を子供達に見せてあげたい。それが現代社会においては戦争後のウクライナ。独裁者を「見て見ぬふり」の社会が作り上げた破壊の姿。

俺はマヤ文明、インカ文明、エジプト文明とかローマ遺跡、インド建築、中国建築、ボロブドゥール遺跡など、世界の遺跡を現地で見ることで土木技術に興味を持った。また世界の山旅を通して世界中の氷河が悲鳴を上げているのを見て、地球温暖化の今を知った。田舎に帰った俺は、スイッチ一つで何もかもできる生活を選ばず、めんどくさいが薪を焚いて風呂を沸かし、暖房は薪ストーブだ。教養のない俺でも、世界を見れば今の俺には何が必要かくらいはわかってきたつもりだ。俺は決して人には勧めない薪生活。ハッキリ言って大変だ。これを続けているのは世界を旅してこの地球の温暖化に危機を感じたから。そんな経験がない限りは頑張ってこれを続けようとは思わないだろう。

まぁそんな世界体験から、今の日本人の仕事での精神文化に対してことごとく反発してしまうということにも繋がった。外から日本を見ると「どこか変?」。その変だと思うこと全てが許し難かった。俺は俺の中で善悪の基準を作ってしまって、降りかかる火の粉はことごとく振り払った。周囲の仕事をする人たち全てが敵としか思えなかった。俺自身何が良くて何が悪いのかは実際のところわからない。還暦すぎて唯一俺がわかったことは、日本の会社組織は不正の中にズッポリと入っていて、誰もそれを振り払うことはしないということだった。結局はそんな会社組織に俺は向いていないということだった。ただ俺が言えることはそんなクソのような組織から撤退して正解だということだ。これからも日本人はそんなクソのような会社組織で我慢と忍耐と不正を繰り返していくのだろう。嫌なことだが、今後も毎日のニュースを通して施工不良、設計ミス、発注ミス、過労死を知ることだろう。誰もそれを根本的に業界全体で改革はしないのだから。

ウクライナの人々は自分自身で善悪判断をして、自分の価値観で命をかけて戦場に赴いいている。日本人は仕事で自分を守るためだけに不正をする。会社のためと言ってわけもわからない不正に走る。不正を正すのに命までは取られないのに闘わない。

俺の親父は先の戦争の前に、満蒙開拓青少年義勇軍に加わり大陸に渡った。開拓者として海を渡ったのであるが、その後戦争が始まり、結局のところ日本軍の監視下に置かれ、軍人と一緒になって人殺しをした。最後にはソ連軍の捕虜となり、シベリアで四年間の抑留生活を送ってやっと日本に帰国した。シベリアに連れていかれる列車の中で、死んだ同僚は列車から放り投げられたと親父は言っていた。シベリアでは氷点下六十度近くになったこともあったという。それでも氷点下五十度までなら仕事をさせられたのだと言った。酷い時は朝起きたら両隣の人が死んでいたとも。そんなシベリアから帰国した日本では、ソ連帰りだということで共産主義野郎だと差別を受けてロクな仕事に就けなかった。戦時中軍隊に組み込まれていたにも関わらず、帰国後政府からは「お前らは百姓だ」と言われ、軍人に与えられた軍事恩給の支給はなかった。軍に入り兵器を持たされ人を殺し、四年間のシベリア抑留。結果は日本人による差別と政府からの慰労報酬ゼロ。親父は死ぬまで「負け戦をした兵隊が軍事恩給をもらって、それをやむなく助けた俺らはこれだけ苦労をしても無報酬だ。国なんか信じるもんじゃねぇ。戦争で命をかけてもこのザマだ」と言ってあの世に行った。

よく日本人は会社のためと言って悪さをするが、会社は貴方に何をしてくれるのだろうか？　不正が発覚するとただ貴方に責任を押し付けるのがせいぜい良いところだろう。俺は国も会社も信じたことなどない。「清き一票」も投じたことなどない。みんな自分の既得権益を守るだけではないか。使いたい放題の税金。借金で国は潰れないというが、俺は全く信じない。そんなことを言っている間に日本はアジアの中でも貧民の部類へと移行しつつある。日本では稼げないアジアの人々は日本を離れている。日本人も他国へ出稼ぎに行く時代。そんな中で日本人の若者が今後この土木の世界に入りますか？　誰が汗を流して現場で働くのですか？　益々建設現場でのコストが上がるばかりではないか？

日本はこれだけ小さな島国であるにも関わらず、これでもかというくらいに便利さを追求して縦横無尽に高速道路が走る。しかし、その結果はどうだろう？　労働者はいつまでも低賃金でもはや他国から出稼ぎにも来てもらえるだけの賃金も払えず、逆に日本人が外国へ出稼ぎに行く時代となってしまった。みなさん、道路で富はえられましたか？　まさかとは思いますが、将来の借金だけ残った？　これからも道路関連に湯水の如くお金を費やして行くのですか？　確かに雇用対策としては良いでしょうが、いつまでもそんな雇用対策が可能なのですか？　本来使うべき教育・医療・福祉にお金が回っていますか？　少子高齢化による人口減少。さらに膨らむインフラ投資による将来への借金の加算。若者の自動車離れ。空飛ぶ自動車の出現。みなさん、未来の国の形が見えていますか？

「**本当にその道路を『今』作ることが必要なのですか？**」

いくら作っても、移動時間を短縮しても我々の賃金は上がらない。既に歴史がそれを証明している。

俺は俺の歴史観で道路は不要と言っているだけだ。俺の歴史観は例えば原子力なら、世界最初の被爆国は日本。世界最初に地震による津波でメルトダウンを起こしたのも日本。俺的に言ったら次の世界最初のテロによる原子炉の破壊も日本なのだろうなぁ〜と言ったくらいな大局観から生まれるようなもの。要するに大雑把に言ってこれから未来はガラリと変わる。そんな時代に二十世紀型のインフラ整備には意味が見いだせないというくらいのもの。

　俺が思うに俺が今まで見てきた土木業界への無駄金。他の産業にも同様に使われている既得権益からくる無駄金。何が無駄金かは内部の人間が一番ご存じだろうから、わからない人はどうぞ内部の人間に良く聞いて見てくれ。そもそも何故移動時間の短縮が経済成長に欠かせないものだという神話を国民の誰もが信じて疑わないのか？　俺は実際に土木業界で暮らしてきたが、ハッキリ言って無駄遣いばかりで不効率で能力不足。そこにじゃぶじゃぶとお金を注いだとて何になる？　何度も言うが俺は月額百万円もらってほとんど遊んでたぞ。日本の最低賃金がやっと千円に上がった。その最低賃金で働く人たちの方がよっぽど苦労して働いているのは知っている。この差はなんだ？　馬鹿な俺にはわからん。さっぱりわからん。

　この俺が言うところの既得権益からくる無駄金のそれら全てを次世代の人間の夢のある未来に使うべきだ。教育、医療、福祉とこの無駄金をなくせば実に簡単に捻出できる。誰も既得権益を手放さないから無理だけど。国を憂いて未来に向けてという気概が今はない。ＡＩが世界を変える。そんな時代にどうやって将来的に国を維持するのか？　それは一にも二にも次世代の人たちに想像力と創造力を蓄えてもらうより方法はない。そのための教育予算へと予算の全てを賭けるくらいの勢いがないと世界から立ち遅れるだろう。二十世紀型の公共のインフラ整備などしている日本に未来があるだろうか？　予算配分を大転換する時なのにいったい何をしているのだろう。学校を出てきても中卒学歴の俺より仕事では役に立ちはしない人間を育てている今の教育では、俺はこの国の未来はないと断じる。俺からしたら今の大卒など役に立ちはしない。上司から言われたら逆らうのがめんどくさいとイエスマンになるような人間を排出するだけだ。

道路の維持管理費についてこんな例を出す。俺の住む長野県だと高速道路会社が岡谷高架橋の耐震補強工事をやっている。このたった一つの橋の耐震補強工事費が業者の受注額が三百六十五億円程であるから、おそらく高速道路会社お得意のお手盛り変更増額で四百億円程度には膨らむであろう。実際にはこれに高速道路会社の職員や外注の建設コンサルタント会社の施工管理費やそもそもの設計・調査費が加算されると、概ね長野県全体の道路維持・建設費と同程度の規模となる。逆に言えば長野県の年間の道路予算を全て注ぎ込んでやっと橋一つの耐震補強しかできないのである。そこまで予算がかかる耐震補強工事をしてもそれは地震の時に橋が落ちませんせん程度の担保しか取れない。この金額を市町村レベルで考えたら長野県の上位を占める長野市と松本市の年度の土木予算など合算してもせいぜい二百五十億円程度だから、両市の二年分の土木予算が高速道路の一つの橋の耐震補強工事だけで終わってしまうという予算規模だ。ここまで予算を使っても予想される直下型地震でも起こったら橋を使い続けるのは難しいだろうことは想像できる。復旧にはまた莫大な予算が必要だし、数年間通行止めだとしても驚かないだろう。道路が地べたにあるのならまだしも日本型の道路のように橋とトンネルでできた道路など本当に不良債権だ。多少の便利さと引き換えに我々はとんでもないものを造ったのではないだろうか？　有事の際、災害時に我々が造った膨大な数の橋とトンネルの一部が損傷を受けるだけで、国の大動脈が断たれる。そして復旧は難しい。復旧をする技術を持たないし、現場を動かす人の確保は元より将来的には各々に専門の技術を持った作業員が必要にも関わらず、そんな人の確保などできないだろう。お金は日本道路教信者から巻き上げられるのだろうが、それは何度も言うが国の経済的成長を無視してのことである。そんな観点から物事をとらえるのはたぶん日本では俺だけだ。そもそも地方の鉄道関連の民営会社は経営に四苦八苦しているのに対して、同じ民営の道路会社だけお金が足りなければ、もう五十年でも有料期間を延ばせば今後とも金は使いたい放題だということで誰も反対もせずに簡単に決まる。そんな日本道路教信者である全国民に俺の意見を訴えてみたところで虚しいだけだ。俺の地域は高速道路など全く無縁の長物だ。俺の地域住民は高速の恩恵もなく借金の支払いだけには関与しているという有様だ。そんな俺がお金の支出に加えてお国へのボーナスとして地元の道路建設は不要だと言っているのだ。それでもそれに耳を傾けないようならこの国も終わりだ。

お前ら本当にこんな道路の維持管理をずっとするのか？　人口は減るし道路の利用者も減るし納税者も減るんだぞ。挙げ句の果てには技術を持った人も不在、職人も不在で例え直してもその後通行量減少と反比例的に道路料金は値上げ。最後には車の走らない道路と借金だけが残る正しく日本道路教信者が待ちかねた華々しい未来が待ち構える。今の若者は借金に追われるだけでなく、誰かが仕方なく手を上げて危険な仕事に向かわなければいけなくなるのだ。低賃金で働いてくれる天使のような外国人労働者はその時にはいないぞ。

「正気と狂気が逆転した世界」

「その道路本当に必要ですか？」

これだけは言っておくが、ゆくゆくは国で土木会社の一つも抱えておかない限りは有事の際の後方支援も災害時の復旧もままならない日が絶対にくる。それほど民間企業は技術も人材も人員も衰えているということだ。昨今は建設から維持管理の時代となり、建設技術の伝承がなくなり結果として発注者も施工者も構造物本体の構造自体を知らない人で現場は動いているのだ。それだといざという時にどうやって直すかなど判断などできたものではない。それができるチーム一つくらいは抱えておけということだ。まぁ誰も耳を傾けてはくれないのだろうが。

国際社会は混沌としている。人類は戦争が好きだ。これは間違いない。二十一世紀になっても過去の戦争の苦い経験など全く役に立っていない。

ジャニーズ問題なんかを見るとマスコミまでもが今までずっと「見て見ぬふり」ではないか？　一度でも途中でガツンとやっていればここまで引き摺らなかった。誰がそんなマスコミなど信用するものか。所詮マスコミなど綺麗事だ。ジャニーズのような大きなニュースも今まで無言だったのだから、俺がこの本で土木業界の馬鹿さ加減を騒いでも、おそらく誰も声を上げないはずだから、言いたい放題言って問題などないだろう。ビッグモーター事件では社員一丸となって不正に「見て見ぬふり」だ。日本国民全体でこの「見て見ぬふり」文化を構築している。

「その道路本当に必要ですか？」
「正気と狂気が逆転した世界」

まとめ

どうして道路を造り交通の利便性を高めることが経済成長になるという神話が生まれたのだろう？　学も知識もない中卒学歴の俺には全くそこが理解できていない。一九七八年に、俺が高校生でバイトしていた時の日当が八千円（時給千円、当時のガソリン代リッター当たり百二十円程度）だった。それから四十五年後の二〇二三年になって、全国の最低賃金が、俺が住む長野県ではまだその千円（ガソリン代リッター当たり百八十円）にすら達していない。これっておかしくないだろうか？　四十五年も経った今の最低賃金が、俺の高校生アルバイト時代以下で、物価が高いのでは豊かさなど感じられはしない。日本はこんな狭い土地の中にあって、利便性を高める＝道路建設＝経済成長＝豊かな生活という方程式を作って、これでもかというほどに道路建設をしてきた。その結果がこれだ。わずかな利便性から得られる効果など、ガソリン代が上がるだけで消え失せる。そんなものに延々と巨額投資だ。そして悪いことに、造ったものを維持するのに今後造った以上にコストがかかるという悪循環を産む。高速料金など次の世紀まで有料となった。それは永遠に有料だということだ。それも人口減の中で、そもそも次世紀まで自動車自体、この世に現存するのかもわからないのにだ。そしてその道路への投資は、過去半世紀で賃金の上昇を産んでいないという悲しい事実が証明された中でやっていくのだ。こんな現実を今の若者たちが背負っていくことに、俺は悲しいものを感じるがどうだ。若者はその重みに耐えられるだろうか？　もちろん三角関数も知らない俺では直感でしか言えないが、「無理」の二文字しか頭に浮かばない。国の投資の方向性が明らかにおかしいのだ。そして俺が書き記したように、その投資は雇用対策でしかなく全くの無駄遣いであることは明らかだ。

無駄な人材を雇い、わけもわからない工事をしている。三角関数もわからない加減乗除も怪しい俺が経営しても、簡単に年間で百億は節約ができるにも関わらず、延々と既得権益を守るため、必要な改革など全くせずに、湯水の如くに金を使っている。そればかりか自分達でずさんな維持管理をしていて、改修をせざるを得なくなったり、ずさんな管理で悪い新設道路を受け取り、その施工不良の改修費までも国民に負担を強いている。素人が経営に口出しするんじゃねぇと言うかもしれないが、ハッキリ言って役に立たない素人技術者に湯水の如くにお金を浪費している「プロの経営者」に、そんなことを言われる筋合いは全くない。職人不在、技術者不在、工事費高騰、未熟故の施工不良や事故多発。誰も国民の目を覚まそうとはしない。利便性を高めることが豊かになることではないと誰かが気付くべきだ。二十世紀型の道路建設というわずかばかりの利便性を高める投資に対してのリターンなど、ありはしないと誰かが気が付くべきだ。気候変動に対する備えは不可避だしそんな予算があるなら教育、福祉、医療にその予算をブン取ってくる政治家がいても良いのだが、この国にはそんな議員もいない。

道路などたくさん造っても、これから先誰がそれを保守管理するのだ？　誰が保守管理するお金を出すのだ？　そもそもどれだけの人がその道路を利用するのだ？　次世紀に自動車はあるのか？　自動車は空を飛び、少子高齢化による人口減、ドローンでの輸送量増加、東京↔名古屋間の貨物輸送をリニアに切り換える等が予測される。特にリニアによる貨物輸送となったら、新東名や旧東名の利用量はどうなるだろう。CO_2削減や輸送の人手不足解消を考えるといずれはリニアだとは思うが。年々利用量が減少するであろうインフラ整備になんで多額投資を続けるのだろう？　何度も言うが俺はそんな単純な疑問を、全ての道路教信者である日本人に問いたい。

ファンタジー作家の俺でも、道路至上主義の国民にかけられている魔法を解く呪文は持っていない。俺は世界を回ってきた。日本は海外のどこよりも既に道路というインフラは整っている。それでいて経済成長は、日本よりインフラ整備が遅れている他国からずっと遅れをとっている。単純に日本は道路神話に基づいて道路を造り続けている今は、単に過剰投資でしかない。何故日本人は今の道路が「不便」だとか「もっと便利に」だとか思うのだろう？俺からしたら日本は既にインフラ投資に過剰と言えるほどに便利な世の中なのに。そしてその過剰な投資の多くは既得権益からくる無駄金となっている。中卒学歴しかない俺が見ても間違いだらけの設計図、不要な積算要員、危険だらけの現場管理、摩訶不思議な試験に検査……。

今は逆にインフラを縮小し、過疎地を死守するのではなく手放して放棄する土地も作っていく時なのだ。今は放棄してインフラにかかる予算を削減しても、やがては空飛ぶ自動車など技術の進歩によって、田舎のポツンと一軒家は可能なのだから。今はインフラの縮小が日本の経済成長になる。大卒のお偉いさんや日本人の百パーセントの人は理解できないことなのかもしれないが。あらゆる既得権益からくる悪癖を国民一体となって表に出して、俺のように己の職を失ってでもそれを正そうとしない限りはこの国は今後もジリ貧だ。円安によって海外旅行が遠くなるように、経済的にも世界が遠くなるばかりだ。それでも自分可愛さにそれができないのが日本人。まぁそれが真実の日本人であるからどうにもならないのだが。俺があの世に行った後も、この世は俺の嫌いな日本人社会はずっと続くだろう。利益の上がらない労働をして、精神的に壊れる人と既得権益を守り抜いて楽に生き抜く人との二極化の中で。

俺はずっと人が右と言えば左を向いて歩いてきた。周囲からは嫌われ者でしかなかった。俺からしたらこの世の中の「普通の人達」は摩訶不思議な存在でしかなかった。今回も俺はこの業界に留まり、毎月百万円をいただいて、ただ机に座って定時に出勤して定時に退社していれば安定した良い人生だったのだが、それを捨てて、再び預貯金ゼロから月収十万円とか二十万円とかの宿の親父という道を歩んでいる。今後は食べるものも自給自足で行かないと生活難となるのだろう。俺も自分自身でバカだなぁとは思う。元俺の同僚達はこんな問題も提起せず、ただ単に今日の続きの明日を生きている。そんな人間に俺は違法残業の撤廃など置き土産までつけてやった。俺もそこで大人しく問題を起こさずに座っていれば、能力に関係なく多額の給料が手に入った。それが日本人が言うところの「賢い生き方」なのだろう。俺でも何も言わずにいれば、この先七十歳を過ぎても月額百万円の席に座っていることは可能だった。俺は何故かそれを良しとせずに、こんな本を出して、楽して生きるには一番美味しい土木業界から足を洗った。

何度も言うが、この国は道路神話を作って、それを信じるがために本当に無駄に金を捨てている。これを日本人の道路教信者達に問いて見ても無駄だと言うのが虚しい。

まぁそれでもこの土木業界の無駄金使いとやりたい放題の実態を本書によって世に知らしめることで、少しはこの国の将来につながれば俺の退職も少しは役に立つはずだ。未だに施工には最悪なシーズンのお粗末な年度末制度や談合社会、人材不足、人手不足、不正だらけで施工不良だらけの土木業界を維持管理している政治家などというお馬鹿さんたちに届くことではないだろうけどな。たぶん誰もが俺に「文句ばっか言いやがって」と言うだろう。特に政治家とやらが。ただ俺は政治家やメディアが介入せずとも大会社の違法残業を撤廃させたり、安全朝礼を実施させたりと実績だけはある。政治家の実績など延々とここでも述べた通りで、悪い年度末制度を続けて粗悪な土木構造物を造らせたり、高速道路会社などのように組織編成を見直せば、多額のお金が不要であるのにお金を垂れ流し、将来的には大幅に減少する自動車のインフラ整備へ尚も投資するといった国の借金を毎年積み重ねる程度のものでしかない。今最も大切なのは、俺が言うあらゆる既得権益からくる無駄という膿を出し切ることだ。俺は仕事を失ってまで俺のいた業界の膿を世の中に出した。さあお前らはどうだ。自分の職を失ってでも組織の膿を出せるか？　やっぱり「見て見ぬふり」だろ？　お前らにはそんなことはできないよ。何故かってお前らは俺じゃないからさ。お前らは馬鹿じゃない。今まで通り生きることだな。お利口さん達よ。同僚が過労死しても、何も感じずにずっとそのままだったのがこの日本の大企業さ。子供達にはフェアにしなさいって？　人を助けなさいって？　悪いことをするなって？　ふざけるんじゃないよ。お前らに言えたことかよ。

こんな還暦過ぎたお爺ちゃんが、今まで自分の目標とした海外旅行を楽しむためにその都度仕事を辞めて、一ヶ月、三ヶ月、半年、九ヶ月と目標の旅行をしてきた。費用も二百万、三百万、四百万円と出し惜しみせずに楽しんできた。その間に違法残業をなくしたり、馬鹿な発注者と施工会社との不適切な付き合いに苦言をしたり、安全朝礼を導入したりとやってきた。仕事は半分以上がネットサーフィンでろくにやってない。それで席に座っているだけで月に百万だった。この仕事があまりに悪徳業者的なので、後ろめたく感じたから辞めて、その仕事の良否をこの本で世間様に訴えているのだが、そんなお爺ちゃんからお前らの働き方を問われてみてどうだ？　どうなんだ？　有給も取らずに上司から不正でも、なんでも指示されたらその通りやる？　休みはセコくせいぜい一週間？　一週間でもその休みに何をやったら良いのかわからない？　遊び方を知らない？　土日は寝てるだけ？　これからこんな投資してもどうにもならん道路なんぞに金を無限につぎ込んで、その子守りで経済成長などせずに終えたら、国力はそれこそ落ち込んで円安で海外に行くことも叶わず、益々内に籠るオタク生活だ。そこまでこのお爺ちゃんに言われて、ムッとするような人間が一人でもいたら上出来なのだがな。お前らのたった一度の人生だぞ。それで楽しいのか？　毎日嫌な思いをして不正だらけ、ミスだらけの仕事がそんなに楽しいのか？　日本人が必要なことはサッカーの試合後のゴミ拾いではない。そんな外面を良くすることよりも社内のゴミ出しをしろよ。外面ばかり気にするよりも内面を良くすることじゃないのかい？　いちいちこんなお爺ちゃんに指摘を受けて是正するより自ら直せよ。既得権益でくだらないことやってる膿を出せよ。不要な仕事を金かけていつまでもやるなよ。子供には道徳がどうのと言っている大人達の汚い社会ばかりを、俺はこの日本国という中で見てばかりきたぞ。俺は様々な会社を渡り歩いてきたが、ただの一度もまともな会社などなかったぞ。それが日本だ。これからもお前らは真冬の凍結時期にコンクリートを打設したり、アスファルトで舗装工事をしたり、会計検査官に見られる前に書類を改竄したり、くだらない試験や検査をしたりがお前らの「技術の伝承」となることは間違いないが、まぁ頑張ってくれ。「見て見ぬふり」上等だよ。

「正気と狂気が逆転した世界」
その産みの親はお前ら自身だ。
「その道路本当に必要ですか？」

高速道路は二一一五年まで有料であることが発表された。道路建設はどれだけの需要があるから必要だとして建設をする。維持については需要があろうがなかろうがどうでも良いのだろうか？　いったいその二一一五年に「そもそも高速道路に車が何台走っているんだ？料金は今の何倍払うんだ？」その時に天国にいる俺や手塚治虫先生に笑われないようにしてみてくれ。

俺のゲストハウスは一棟貸しで一泊四万五千円という激安で海外の人たちが泊まると口コミのコストパフォーマンスは当然十段階評価で八以上は楽にいただける。それが日本人が泊まると定員十名なので予約の時は八名だと偽って、実際には十三人とかのルール違反というセコさで口コミ評価のコストパフォーマンスが悪い評価となる五というありさまだ。こちらからしたらいい営業妨害でいつも日本人客が多い月ほど口コミのポイントが大幅にダウンする。海外の人だと二人くらいで泊まってもコストパフォーマンスで低い点数は付けられない。

まぁ先進国と言っても実質賃金は開発途上国程度の日本だからこれは仕方ないのであるが、そんな貧乏な国民が何故これほどまでに道路を高規格道路にして、湯水の如くお金を使って品質が悪い構造物を造るのかが俺はどうしても疑問だ。そしてこれら道路は将来的には必要なのかすら疑問で本書を書いた。


ボチボチと俺もあの世へ行く時期が近づいたから、最後にこの本を書けたことに感謝している。嫌いなものを嫌いと言えず変なものを変と言えずにあの世に行くのは、棺桶の中でストレスだっただろうからな。来世では仕事の中で一人くらいは好きになる日本人が現れたなら幸いだ。

■著者プロフィール

一歩歩

土木業界に身を置く傍ら、現役時代に三ヶ月間、半年間、九ヶ月間と仕事を辞めては世界八十ヵ国の旅行と十数ヵ国で登山やロングトレイルを楽しんでいたが、土木業界に嫌気が差して業界から退き、故郷にUターンして世界の旅人を向かいいれるため古民家を購入し、自らのDIYにて「ゲストハウス餓鬼大将」を開業。

これ読まずして土木業界を語るなかれ

2024年1月11日　第1刷発行

著　者　一歩 歩（いっぽ あゆむ）

発行者　太田宏司郎
発行所　株式会社パレード
大阪本社　〒530-0021　大阪府大阪市北区浮田1-1-8
TEL 06-6485-0766　FAX 06-6485-0767
東京支社　〒151-0051　東京都渋谷区千駄ヶ谷2-10-7
TEL 03-5413-3285　FAX 03-5413-3286
https://books.parade.co.jp
発売元　株式会社星雲社（共同出版社・流通責任出版社）
〒112-0005　東京都文京区水道1-3-30
TEL 03-3868-3275　FAX 03-3868-6588
装　幀　藤山めぐみ（PARADE Inc.）
印刷所　中央精版印刷株式会社

ISBN 978-4-434-33234-0　C0036